住房城乡建设部土建类学科专业『十三五』规划教材

全国住房和城乡建设职业教育教学指导委员会

建筑与规划类专业指导委员会规划推荐教材

环境艺术设计基础

（建筑与规划类专业适用）

U0213952

本教材编审委员会组织编写

李　进　主　编

孙耀龙　副主编

季　翔　主　审

中国建筑工业出版社

图书在版编目（CIP）数据

环境艺术设计基础：建筑与规划类专业适用／李进主编．—北京：中国建筑工业出版社，2015.12

住房城乡建设部土建类学科专业"十三五"规划教材．全国住房和城乡建设职业教育教学指导委员会建筑与规划类专业指导委员会规划推荐教材

ISBN 978-7-112-18968-7

Ⅰ．①环…　Ⅱ．①李…　Ⅲ．①环境设计－高等职业教育－教材　Ⅳ．① TU-856

中国版本图书馆CIP数据核字（2016）第004913号

教材主要讲解绘图、构图、创作等的技巧与方法，突出职业岗位能力训练，取材新颖、深度适宜；教材资源丰富，内容安排科学合理，体现了先进性和职业性，编写定位准确、操作性强，简单易学。使学生既能掌握较前沿的知识，又能在项目实训中得到实践技能的提高。

为更好地支持本课程的教学，我们向使用本书的教师免费提供教学课件，有需要者请与出版社联系，邮箱：cabp_gzsj@163.com。

责任编辑：杨　虹　朱首明
责任校对：陈晶晶　刘梦然

住房城乡建设部土建类学科专业"十三五"规划教材
全国住房和城乡建设职业教育教学指导委员会建筑与规划类专业指导委员会规划推荐教材

环境艺术设计基础
（建筑与规划类专业适用）
本教材编审委员会组织编写
李　进　主　编
孙耀龙　副主编
季　翔　主　审
*
中国建筑工业出版社出版、发行（北京海淀三里河路9号）
各地新华书店、建筑书店经销
北京嘉泰利德公司制版
北京京华铭诚工贸有限公司印刷
*
开本：787×1092毫米　1/16　印张：20¾　字数：500千字
2019 年 11 月第一版　2019 年 11 月第一次印刷
定价：58.00元（赠课件）
ISBN 978-7-112-18968-7
（28235）

教材编审委员会名单

主　任：季　翔

副主任：朱向军　周兴元

委　员（按姓氏笔画为序）：

王　伟　甘翔云　冯美宇　吕文明　朱迎迎

任雁飞　刘艳芳　刘超英　李　进　李　宏

李君宏　李晓琳　杨青山　吴国雄　陈卫华

周培元　赵建民　钟　建　徐哲民　高　卿

黄立营　黄春波　鲁　毅　解万玉

前　言

　　环境艺术设计基础这门课程是培养学生专业思维能力和动手能力的一门基础性课程，它对学生们后续的专业学习有着极为重要的影响，而我们高等职业教育所需要培养的人才规格和所面对的教学对象又有着自身鲜明的特色和特征，因此，怎么让学生学好这门课程就需要我们认真地对待和研究。

　　本书将该课程的学习内容组织为四大篇共十四个模块，每一个模块都有针对性的训练作业，同时附上建议的学时和评分标准，还有必要的参考样例和范图。在编排顺序上我们采用的前后关系是：基础训练——平面材质——空间造型——综合与实践，其中基础训练篇包括字体基础、线条基础、图纸抄绘、空间测绘四个模块，平面材质篇包括平面构成、色彩构成、材质与肌理、计算机辅助平面设计四个模块，空间造型篇包括立体构成、模型制作、计算机辅助空间设计、装饰品制作四个模块，综合与实践篇包括实践认知、设计入门综合训练两个模块。

　　需要说明的是，在我们组织编写本书时，考虑到由浅入深、由简单到复杂、从基本到综合，这些模块之间必然会存在着一定的前后关系。但是我们认为这样的前后关系不是绝对不可变化的，从教学工作的实际出发，这些内容模块之间的关系是可以再调整和再组合的，包括每个模块所对应的一个或多个训练作业也是可以有选择地使用。全书有28个训练作业，这些作业可以全部进行，也可以部分进行，还可以部分课内与部分课外相结合，主要是有助于学生专业思维能力、动手能力的培养。

　　本书由上海城建职业学院李进老师主编，上海城建职业学院孙耀龙老师任副主编，江苏建筑职业技术学院季翔教授主审，具体章节编写分工如下：第1、3、5章由李进、马花负责编写，第2、4章由周晶负责编写，第6、7、9、10章由孙耀龙、王敏负责编写，第8、11章由李新天、陈岭负责编写，第12、13、14章由高钰、邵黎明负责编写。

　　在本书的策划和编写过程中，得到了上海城建职业学院陈锡宝副院长、江苏建筑职业技术学院季翔教授、中国建筑工业出版社杨虹老师等的指导和帮助，在此表示衷心的感谢。

　　在本书的编写过程中，上海城建职业学院环境艺术设计专业2005级学生陆晓蕾、陶晴等和2006级学生陈艺君、何燊、胡克文、黎娟、杨忠璇等以及2007级学生刘嘉玮、刘晓凤、孟庆诚、陶晨、奚春妹、谢玛丽、杨璐、张雁斐等同学参与了相关图例的制作和选取工作，在此一并表示感谢。

　　因编者水平所限，书中的疏漏及不当之处在所难免，敬请读者批评指正。

编者

目　　录

环境艺术设计基础

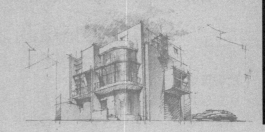

第一篇　基础训练篇

模块一 字体基础

教学目的：掌握徒手书写制图规范中所规定的标准工程字体的能力

　　　　　熟悉多种艺术字体

　　　　　明确字体在设计中的重要性

　　　　　掌握不同字体应用的不同

所需理论：见第 1 章

作业形式：墨线字体书写在白纸上

作业内容：1. 针管笔书写于 A4 白纸上，徒手书写制图规范中标准的仿宋体

　　　　　2. 马克笔书写于 A4 白纸上，徒手书写 POP 字体中汉字、数字、英文字母，并设计

　　　　　　 POP 海报一份

所需课时：4

评分体系：见第 1 章

作业 1　基本字体与美术字体练习

作业要求：针管笔书写于 A4 白纸上，徒手书写制图规范中标准的仿宋字、黑体字、阿拉伯数

　　　　　字与大小写的英语字母等。手书写 POP 字体。

训练学时：60 ～ 72

范例与评语：见第 1 章

1

第 1 章 字体基础

1.1 工程字体的基本知识

1.1.1 字体练习的重要性

文字是社会文化得以传承积累和发展的载体，它随着社会的变迁而进化；无论东方还是西方，字体早已成为独立的文化格式和文化交流不可分割的载体。在艺术设计范畴的建筑设计、室内设计、景观设计、工业设计、平面设计等各设计类专业领域教学中，文字练习都是必修的。

由于目前设计行业的工程图基本通过电脑完成，设计师在图纸上徒手绘图、写字、标尺寸的机会较从前大大减少，设计师容易忽视这方面的练习，但是在一些徒手草图和设计的快速表达中，我们不可避免地会运用到徒手书写文字和数字，所以字体练习仍是室内外设计及建筑设计学习的必备环节。

1.1.2 汉字的概述

汉字是我国应用最广泛的文字，是世界上使用历史最悠久的文字之一。几千年来，我国经历了早期的图画文字、甲骨文、金文、篆书、隶书、楷书、行书、草书，以及印刷术发明后逐渐派生出来的各种印刷字体等漫长的发展历程。

1. 汉字的特征

汉字具有象形、指事、会意、形声、转注、假借的构形手法，其中转注、假借属于用字方法。象形即应物象形，是对某一事物仔细观察的抽象表达；指事兼有象形和会意的成分；会意是合并两个或两个以上表示意义的字，按合成的意义去表达新字；形声是声符与形符的结合，读声符之音，形符则表意。图1—1是一幅仿宋体字，其中的"础"就是形声字。

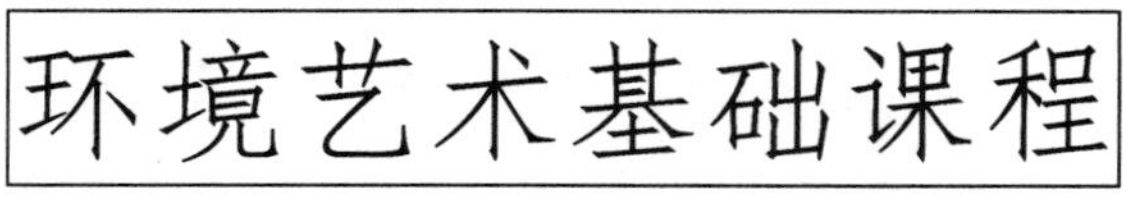

图1—1　汉字的构形（仿宋体）

俗语常说汉字是方块字，它的外形是独特的方块。实际上，汉字形体的方块也有长短、大小、正斜之分，有的还呈三角形、菱形、多边形。汉字笔画中横竖笔画为主笔画，起支撑重量和外形轮廓的作用，点、撇、捺、挑、钩等为副笔画，有调剂空隙、活泼结构的作用（图1—2）。

图1—2　方块字形及笔画构成（隶书）

除少数是单体字外，汉字的内部结构大多是由单字组成部首，再由部首和部首结合为组合体，大致分为上下、左右、里外三种。在组合上，各部首的面积并非绝对相等，一般横画多于竖画。

主要部首结合结构如下：

左右组合：此、伴、驰、弘、跑

左中右组合：渐、嫩、街、游、概

上下组合：整、笔、告、雷、忍

上中下组合：慧、章、意、葱、篓

上下左右组合：勤、憩、薇、鑫、繁

半包围组合：闭、画、周、同、区

全包围组合：园、囫、困、围、国

参差组合：多、坐、噩、爽、事

2．汉字的一般书写规律

汉字形象千变万化，笔画繁简不一，想要达到美观整齐、容易识别的目的，必须解决字的结构、比例、重心、主次等问题。以下为汉字的书写规律，可以帮助初学者在学习过程中避开误区，达到事半功倍的效果。

1）上紧下松，宾轻主重

上紧下松是汉字字体书写的基本法则。汉字笔画一般处于上半部分的较多，因此字的上半部分紧凑，下半部分宽畅，符合人的视觉审美心理，显得稳定、轻松、舒畅、美观大方。汉字各组合部分比例不同，一般情况下书写时请注意偏旁和部首占的面积要小于主要部分所占的面积（图1-3）。

环境艺术基础课程

图1-3　上紧下松，宾轻主重（姚体）

2）比例协调，均匀稳定

外形大小基本相等，结构比例舒适恰当应该是每个字给人的视觉印象。若想达到上述整齐美观、均匀稳定的视觉效果，书写单体字时要注意各笔画所占的比例关系，对组合字则要注意各组成部分所占的比例关系，同一偏旁部首在不同字里可以作不同的比例处理。

因为根据视错觉的原理，看同样宽度的横线觉得比竖线要略粗，竖线比横线显高；笔画多的字黑面积大、空间小，与笔画少的相比显得大而拥挤。

因此书写时要注意把字的外形、线条、笔画调整好以稳定重心。以横笔画为主的字要左右放出，上下压缩，以竖笔画为主的字则相反；遇笔画多的字将笔画适当减缩，遇笔画少的字将笔画相应加粗。这样，才能使整幅字比例协调，稳定舒适（图1-4）。

环境艺术基础课程

图1-4　比例协调，均匀稳定（幼圆）

3）穿插避让，相互呼应

字的笔画与笔画之间，各部分相交界的地方应该穿插自然，宾让主争，主次分明。部首与笔画之间注意首尾相接，上下相接，相互呼应，张弛有度，避免出现过松或过挤的现象，以获得汉字既活泼又稳定的效果（图1-5）。

环境艺术基础课程

图1-5 穿插避让，相互呼应（行楷）

4）风格统一，饱满方正

书写单个字或群组字要注意笔画的写法、粗细规格、形状等特点要具有统一性。练习宋体字时，点、撇、捺、挑、钩的写法要严格统一，形态饱满，满而不笨，笔画横平竖直，横细竖粗，尤其是笔画少的字要加粗，以防字形显得过于瘦弱。当然，不能力求字形饱满而刻意将本身字形瘦长、不适合压扁拉长放大的字硬行纳入方形（图1-6）。

环境艺术基础课程

图1-6 风格统一，饱满方正（魏碑）

以上是汉字字体特征的简单介绍，设计专业学生在最初学习时，可通过对中文字体中常用的黑体、宋体字的摹写，了解象形、会意、形声造字的基本元素，熟悉汉字的结构、比例、穿插入笔画，加深对基础字体的全面认识。通过徒手绘制培养书写的准确性、生动性、严谨性和完整性，提高书写技能，掌握培养快速、规范书写的技巧和能力。

1.1.3 拉丁字母的概述

拉丁字母的形体比起汉字结构来相对简单，随着英语在我们生活中的广泛运用，融合拉丁字母来设计和运用字体已经成为设计的新潮流，我们应掌握拉丁字母的风格特征，熟悉它们的比例、结构、笔画，以供创意设计之需。

拉丁字母是一种现代感非常强烈的文字，曲直分明，给人的视觉冲击力非常强烈。设计艺术很大程度上是为商品社会服务的，拉丁字母简洁的笔画成为设计领域中最受青睐的设计元素之一，得以在世界各地广泛使用。

1.拉丁字母的特征

1）按字形结构分

拉丁字母的字形结构主要是由圆弧线和直线组成的几何形结构，虽然有繁、简的不同，但是外形基本可以概括在方形、圆形、三角形中。

如字母B、M、W、E、H、N、X、R、K、Z是可以概括在方形中的，G、O、D、S、U、C可以概括在圆形中，Y、P、A、T、V、L、F、J可以概括在三角形内。字母I相对特殊，具有明显的单线形状。此外，拉丁字母还有单结构和双结构之分，如字母O和B（图1-7）。

BMWEHNXRKZ

GODSUC

YPATVLFJ

图1-7　字母结构

2）按照字母的形状分

字母的形状可分成四类结构，如对称字母H、A、N、M、T、U、V、W、Z，不对称字母P、R、S、B、L，圆形字母D、O、G、C、Q，特殊字母K、I、J。这种分类有利于加深对字母形状的理解（图1-8）。

HANMTUVWZ

PRSBL

DOGCQ

IJK

图1-8　字母形状

2．拉丁字母的一般书写规律

1）均匀安定

方形、圆形、三角形三种形状视觉大小不同，书写时如相应的字母排列在一起时，感觉大小也是不相等的。为使字面保持均匀的黑度，应根据具体情况作必要的加工和调整。如宽窄比例可以相应地调节为4：4（字母M）、4：3（字母A）和4：2（字母S）。

人的视觉中心要比绝对中心偏高一点，有时字高也要作调整，以求大小感觉均匀。例如在书写E、B、H、S、K、X这些字母时，字母的中心要稍稍提高一些。根据视错觉原理，竖线与横线的粗细相同时，在视觉上横线比竖线显粗，斜线则处在两者之间；同样粗细的竖线，矮的比长的显粗。斜线交叉的尖角最容易见黑，应画细一点（图1-9）。

DESIGNDESIGN

图1-9　均匀安定

2）间距合理

字距、词距、行距的安排是否合理，对整幅文字的美观起着至关重要的作用。

字距的安排：大写字母的字距根据目测时均等即可，小写字母的字距是 m 的两条竖线之间的距离。大小写字母同时使用时，大写字母的字距比小写字母的字距大 1/3（图 1-10）。

词距的安排：大写字母以能放进一个 l 为标准，小写字母以能放进一个 i 为标准。

行距的安排：大写字母的行距是字母高度的 1/2，小写字母的行距以字母的下半部与下一行字母的上半部不连接为标准（图 1-11）。

图 1-10　字距的安排（左）

图 1-11　行距的安排（右）

3）笔势统一

拉丁字母还具有笔势统一的韵律感，执笔书写时一致的倾斜角度形成字母间和谐的态势，不同的倾斜角度产生的粗细比例和艺术风格也不同（图 1-12）。

图 1-12　笔势统一

通过对 26 个拉丁字母的大、小写及阿拉伯数字进行摹写，掌握拉丁字母的基本结构规律、字体特征和艺术风格，从拉丁字母的比例、结构、笔画入手，掌握书写步骤及书写规律，培养快速、规范书写的技巧和能力。要求书写效果美观、准确、生动、严谨。

1.2 常用基本字体的书写技巧

1.2.1 工程字体

1. 基本内容与用途

建筑工程制图中书写的字称为工程字，掌握标准的工程字的书写方法，有利于建筑工程制图图面效果的统一规范。

工程制图中，数字和文字是用来表示尺寸、名称和说明设计要求、做法等内容的。因此字迹务必清楚、整齐、端正。一般用黑色墨水笔或针管笔等书写。

图纸上的汉字应采用国家公布的简化汉字，工程字包括仿宋字、方体字和扁方体等，其中运用得最为普遍和适宜的是仿宋字，大标题字亦可用正楷或美术字等字体；汉语拼音字母和英文字母一般采用等线字体；数字用阿拉伯数字。

2. 工程字在工程图纸绘制时的规定

工程图样上除绘有图形外，还要用文字填写标题栏、技术要求或说明事项；用数字来标注尺寸；用汉语拼音字母来表示定位轴线编号、代号、符号等。图纸上所需书写的文字、数字或符号等，均应笔画清晰、字体端正、排列整齐；标点符号应清楚正确。否则，不仅影响图面质量，而且容易引起误解或读数错误，甚至造成工程事故。

根据《房屋建筑制图统一标准》GB/T 50001—2017 规定图样及说明中的汉字，宜采用长仿宋体，宽度与高度的关系应符合表1—1的规定。大标题、图册封面、地形图上的汉字，也可选用其他字体，但应易于辨认。

表1—1

字高	3.5	5	7	10	14	20
字宽	2.5	3.5	5	7	10	14

汉字的简化字书写，必须符合国务院公布的《汉字简化方案》和有关规定。

拉丁字母、阿拉伯数字与罗马数字的书写与排列，应符合表1—2的规定。

表1—2

书写格式	窄字体	一般字体
大写字母高度	h	h
小写字母高度（上下均无延伸）	$10/14h$	$7/10h$
小写字母伸出的头部或尾部	$4/14h$	$3/10h$
笔画宽度	$1/14h$	$1/10h$
字母间距	$2/14h$	$2/10h$
上下行基准线最小间距	$21/14h$	$15/10h$
词间距	$6/14h$	$6/10h$

长仿宋汉字、拉丁字母与阿拉伯数字示例见《技术制图——字体》(GB/T 14691—1993)。

3．工程字的书写要领

工程字一律由左至右书写，其书写要领为：

1）注意填满字格，字与字应避免接触。

2）横平竖直，这是等线体字的基本条件。

3）单笔书写，用笔粗细一致，线条均匀。

4）笔画准确，须按基本笔画特征书写。

5）注意布局，笔画之间应密接，且不可某个部首太大或太小，以免影响美观。

工程字一般用铅笔或针管笔单笔书写，单笔是指笔画之粗细与铅笔或针管笔之粗细相等。

4．仿宋字的书写技巧

仿宋字是由汉字的宋体字演化而来的，它的字体结构端正匀称，线条明快，与工程图的线条搭配和谐，一般高宽比为 3：2，字间距约为字高的 1/4，行间距约为字高的 1/3（图 1—13）。

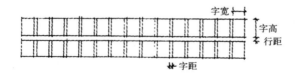

图 1—13　仿宋字的格子

为保证书写整齐，应该事先用铅笔按照尺寸打好格子，然后再进行书写。在写仿宋字的时候注意笔画应横平竖直，有时横会稍微向上倾斜，同时还要注意运笔的起落，做到欲扬先抑。

仿宋字体的间架结构应各部分匀称，合乎比例，对于整体字块饱满的字如"国"可以写得稍微缩小一些，而对于字块形式单一的字如"一"，就可以处理得稍大，这样才能使所有文字具有统一的整体效果（图 1—14）。

环境艺术设计初步教程
一二三四五六七八九十

图 1—14　仿宋字范例

1）笔画：要领是横平竖直（横可略斜）。注意笔画起落，粗细一致，转折刚劲有力。

2）结构：从笔画的繁简来看，字体结构分两种形式，一种是没有部首及偏旁的独体字，另一种是有偏旁，部首与其他部分配合的合体字。

3）特点：间架平正，粗细适中，直多细少，挺秀大方，笔道粗细匀称，笔锋起落有力。字形有方形和长方形两种，一般采用长方形，高宽比一般约为 3：2。

4）排列：为了书写排列整齐，应在格子或两条平行线内书写，以控制字距和行距。行距应大于字距。

5）部首偏旁：要注意部首和偏旁在字格中的位置和比例关系。

1.2.2 美术字体

1．基本内容与用途

对于图纸中的一些大标题，或需要突出强调的字，一般会运用美术字。常用的美术字有宋体字、黑体字、变体字等。

2．宋体字的概况

宋体字起源于北宋刻印时期，是从刻书字体的基础上发展演变而来的，其风格典雅工整，庄重大方，清晰醒目容易辨认。

宋体字特点是字形方正，结构严谨，横平竖直，横细竖粗，横画及横、竖画连接的右上方都有钝角，棱角分明。点、撇、捺、挑、钩写竖画粗细相等，其尖锋短而有力（图1-15）。

宋体字的形状一般为长方形、扁方形和正方形。长方形或扁方形比较适宜的高宽比例是3：2、3：4或3：5。

3．黑体字的概况

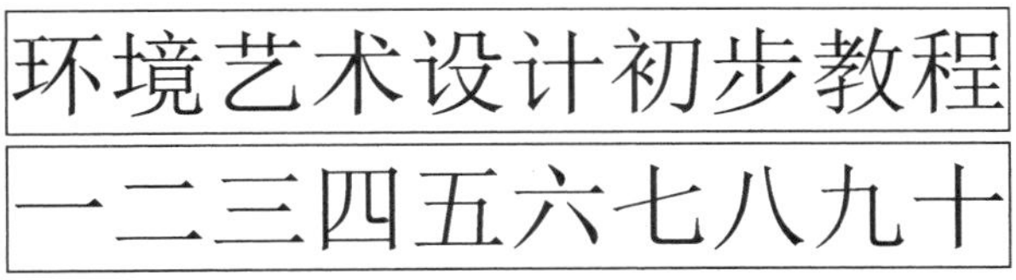

环境艺术设计初步教程
一二三四五六七八九十

图1-15 宋体字范例

黑体字的历史没有宋体字久远，它是近代才出现的一种印刷字体，因为视觉感受上横竖笔画粗细相同，方黑一块，笔形两端略呈方形，故此得名。

它的形态特征和宋体字相反，横竖笔画粗细一致，结构严谨，字形方正，笔画粗壮，庄重有力，朴素大方，引人注目，所以常用于横幅、标语、广告及报纸的重要标题等醒目位置上，有强烈的视觉效果（图1-16）。

4．美术字的书写技巧

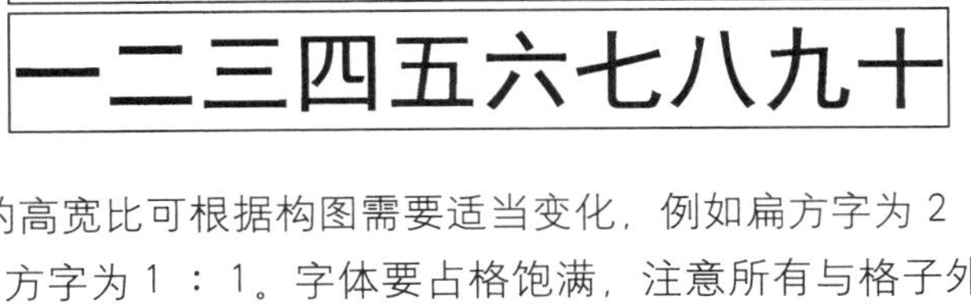

环境艺术设计初步教程
一二三四五六七八九十

图1-16 黑体字范例

美术字的高宽比可根据构图需要适当变化，例如扁方字为2：3，高长字为3：2，正方字为1：1。字体要占格饱满，注意所有与格子外框平行的笔画应退格书写，所有与格子外框相垂直的笔画都要顶格书写，这样可使字体看上去更加饱满有序。

写美术字的方法为：

1）先用铅笔按比例打好格子；

2）勾出字的骨架；

3）勾写字形；

4）最后用墨线笔或相应较粗的笔描画字形，或把字体内部涂实。也可运用马克笔来写美术字，在预先打好的格子里，先用铅笔勾出字体结构，然后用马克笔直接写上去，同上注意退格和顶格（图1-17）。

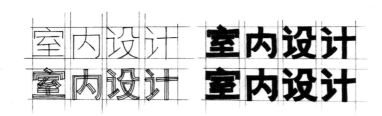

图1-17 美术字范例

因为马克笔的笔尖较粗，写出的字具有一定的厚度，在写大字的时候可以一蹴而就，省时省力，所以这种方法在快题表达中最为常用。

5．其余常见字体范例

楷体、魏碑、幼圆、隶书、行楷等见图1-18。

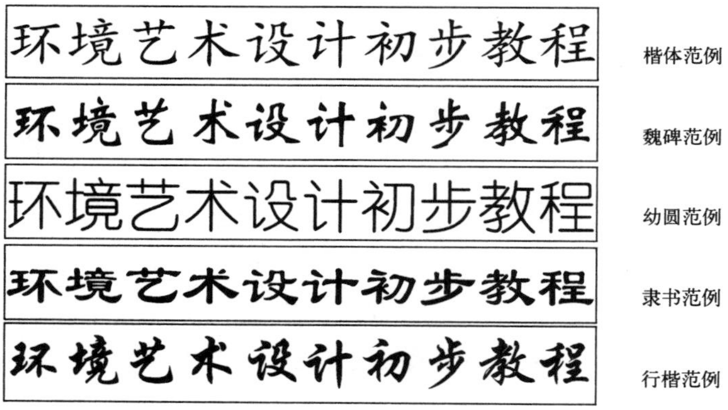

环境艺术设计初步教程　楷体范例

环境艺术设计初步教程　魏碑范例

环境艺术设计初步教程　幼圆范例

环境艺术设计初步教程　隶书范例

环境艺术设计初步教程　行楷范例

图1-18 字体范例

1.2.3 拉丁字母

因为拉丁字母字面的宽窄和字高有别，字距亦无法等分，因此书写时不是像汉字那样打字格，而是打字线为底稿来临习。常用字线是四条平行线，自上而下分别是顶线、共用线、基线、底线。大写字母中除J和Q外都要写在顶线与基线之间，小写字母则根据字母高矮的不同，分别写在顶线与基线、共用线和基线、共用线和底线之内。

以下是拉丁字母美术字书写步骤：

1．画字线

根据书写内容，画出四条字线。注意字线之间的比例要适度（图1-19）。

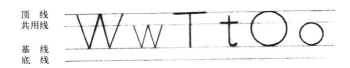

顶 线
共用线
基 线
底 线

图 1–19 画字线

2. 打轮廓

从左往右、自上而下用单线描绘出拉丁字母的外轮廓线，注意字母的外形、重心、笔画粗细、黑白的调整和字母之间的视差调整。大写字母 I 决定竖线的高度与宽度的比例为 8 ∶ 1，H 和 N 决定方形字母的高度与宽度比例为 5 ∶ 4。书写阿拉伯数字则需要与大写字母的高度一致或者与小写字母的风格相协调（图 1–20）。

顶 线
共用线
基 线
底 线
WwTtOo

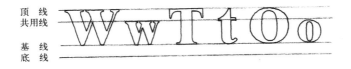

图 1–20 打轮廓

3. 确定字体

用双线给出字母结构，对字母的外形、笔画和视觉中心进行视差调整，利用仪器确定字形外轮廓线（图 1–21）。

顶 线
共用线
基 线
底 线
WwTtOo

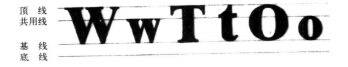

图 1–21 确定字体

4. 修正上色

反复矫正字母不完美的部位，待修正满意后上色填绘（图 1–22）。拉丁字母常用的书写工具比汉字使用的工具多，如圆头钢笔、扁头钢笔、油画笔、绘图仪器等。

顶 线
共用线
基 线
底 线
WwTtOo

图 1–22 修正上色

书写拉丁字母的注意点：

1）注意对罗马体的饰线装饰角写法要统一和一致。

2）在写拉丁体前打格子不同于汉字，要灵活掌握，高度和宽度要根据实际情况来订。

3）拉丁字母书写规律里有与汉字的相同点，如与汉字相同的笔画以及与汉字相同的“上紧下松”的字母，有：E、H、S、X 等。

1.2.4　阿拉伯数字

同理，先打格子再书写，要求占格饱满，弧线要处理得顺畅，所有数字整齐紧凑（图1—23）。

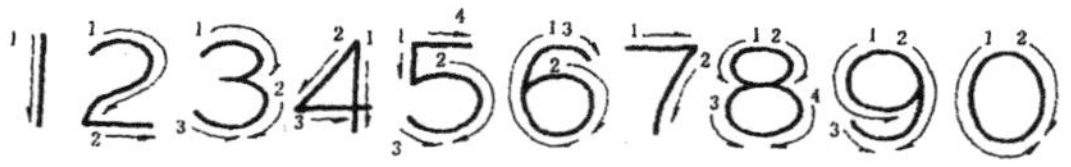

1234567890

图1—23

书写阿拉伯数字的注意点：

1. 在结构处理上要注意平衡稳定和满格缩格的区别，也同汉字一样，注意上紧下松的结构问题，如8、3、2、5等。

2. 2、5、7的直线段和6、9、0的宽度应在格内略内缩。

3. 4的竖应偏右，注意布白，7的斜线应连至格子中线左侧。

1.3　其他常见快速美术字的书写方法

1.3.1　运用马克笔写美术字

马克笔是手绘POP字体应用最普遍的书写工具，既可写字又可画图。马克笔有各种不同大小、粗细笔头的笔，色彩种类繁多，由于其笔头比一般毛制笔硬，所以书写出的字体比较端庄工整，字迹亦比较硬朗，展现出其他笔具所无法达到的个性特点和风貌。总之，马克笔具有方便、干净、明快等特点，符合手绘POP字体制作的机动性、经济性与便捷性（图1—24）。

图1-24　各种马克笔

1. 不同溶剂材质的马克笔

水性马克笔：水性马克笔笔上一般会标有"水性""可溶性"等字样。水性马克笔书写后干燥速度慢，可以利用它的这种特性渲染画面或制作画面渐变效果，但是其干后易产生溶解溢出的现象，因此不要用湿的手触摸画面或让画面沾到水，以免弄脏画面。

油性马克笔：油性马克笔笔上一般会标有"油性""防水性""速干性"等字样。它的最大优点是书写后干燥速度快且具防水性，不易玷污画面，缺点是具有刺鼻的味道，因为内含易挥发的化学物质，长时间使用会造成身体不适，所以最好选择通风良好的场所使用。

2．马克笔的笔形及持笔方法

按笔头形状的不同，大致可分为以下几种：

1）方尖形（角形）马克笔：笔头通常呈斜切的平行四边形，其持笔的倾斜度应与纸面保持 60 度角。

2）宽平形马克笔：笔头不斜切而呈宽平的矩形，一般用来描绘大型字体。持笔方法与方尖形马克笔大致相同。

3）錾刀形马克笔：笔头形状就像凿石头时所用的錾刀一样呈刀口状，所以在运笔的转换上比较灵活多样，持笔的方法比较接近平常写字的握法。

4）圆头形马克笔：笔头呈圆头形。书写文字时画出的线条两端呈半圆形。运笔时不必转动笔杆方向即可得出粗细一致的线条。

除圆头形的马克笔外，其他三种马克笔是以笔头的两个笔面所夹的角接触纸面匀速地画出线条，而不是用笔头的一个面画出线条（图 1-25）。

3．马克笔所用纸材

不同纸质对马克笔所表现的效果影响很大。一般素描纸、粉彩纸等纸质比较粗糙。当用马克笔书写时，纸面容易渗色、渲染，线条让人有不轻快、不洒脱的感觉。而铜版纸、西卡纸纸面光洁细滑。油马克宜用硫酸纸绘图，而水马克不宜。当用马克笔书写时，容易表现透明感、立体感，但价格偏高，若仅仅是用来练习写字，则一般纸质不太差的纸张即可。

4．使用马克笔的注意事项

1）用马克笔在大部分纸张上书写后是不可擦拭更改的，所以用马克笔书写前最好用铅笔大致定下文字大小及位置。

2）当用马克笔写错笔画或写错字时，尽可能不要重复描涂，应该补字或换纸，因为重复描涂将会使线条失去平整圆滑的感觉，且重叠处色泽也会加深并显得污浊，破坏画面整体效果。

3）马克笔易挥发，不用时应立即将马克笔笔盖封紧。

4）马克笔用久后笔毡会有起毛现象。可以用火将笔毡起毛处微烧几秒钟，但切记不能烧得过久（图 1-26）。

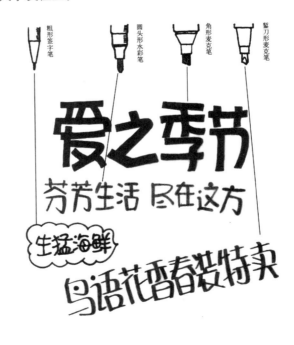

图 1-25

步骤：（1）先用铅笔画出要书写的字体。

（2）分析笔画，黑色区域代表笔画重叠的部分。

（3）经过修正完善的字体。

1.3.2 POP 字体的书写技巧及用途

POP 字体以其独特的灵巧性和多变性在现代广告设计及平面排版设计中受到广泛的运用，因此手绘 POP 字体的练习显得尤为重要。

1．汉字常用部首设计（图 1—27）

2．标题字体设计

1）一般标题字的字体都较为粗大醒目，用来书写标题字的笔具也很多，每一种笔形都有各自不同的特点，因此要熟练掌握每一种笔具的运笔规律。

2）标题字的最大特点是醒目，要引起读者注意。在标题字数不多、色彩不杂乱的情况下，可以在字体上或字体旁适当增加一些辅助线条，产生重叠、阴影、立体的效果，但千万不要让标题字过于花哨，令人难以辨认。

3）在设计手绘 POP 字体前必须考虑商品及商店本身的性质和类型，以此来决定字形的个性特色。例如儿童读物专柜的手绘 POP，其标题字应选用活泼而有趣味的字体。

先用铅笔将一组标题字画出来，在这个过程中必须注意以下几点（图 1—28）：

每个字体在整体上要笔画分布匀称，外形要尽量饱满方长，这样看起来

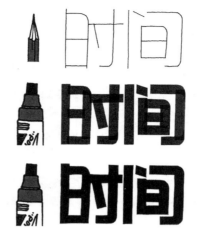

图 1—26

图 1—27　部首设计范例

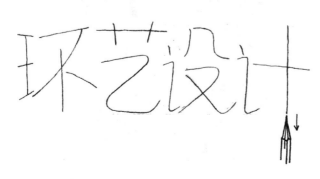

图 1—28

才美观大方。

每个字体中的笔画要尽可能连起来。

字与字之间要紧凑，让一组标题字更具整体感。

用平笔或马克笔描绘标题字之前，要认识到是在"画字"而不是在"写字"。

在描绘中不可随意地施加或减轻手腕力量，不要将平笔紧压在纸面上，而应在纸面上匀速地滑动。

不能完全依照铅笔字稿来描绘，遇到笔画重叠的部分应做适度调整（图1—29）。

图 1—29

3. 说明文字体设计

中国文字属于方块形的字体，要使其字形平稳和谐，必须了解字体各部分的结构和偏旁部首的匹配关系，才能使得字与字之间间架均齐，形成统一美观的字体。说明文由单个字逐次排列组合成句，就要考虑到编排时文字的阅读方向，保持合适的行间距，才能显示连续文字的阅读方向，形成具有行间距的视觉效果，达到易读的目的（图1—30）。

图 1—30　说明文字体
　　　　　一（下左）
图 1—31　说明文字体
　　　　　二（下右）

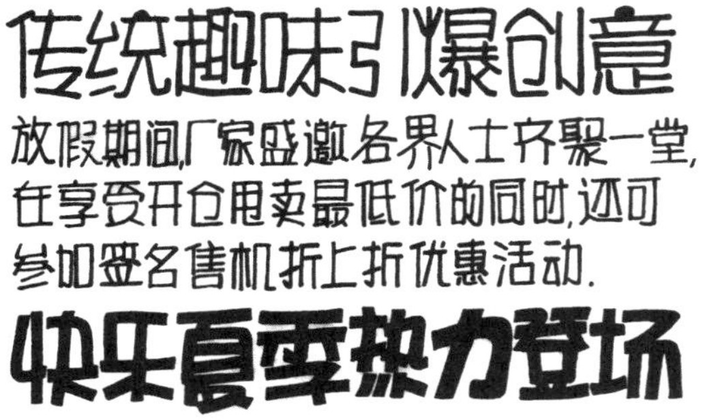

字体改造（图1—31）：

第一行：平常书写的字体

第二行：把每个字形调整成长方形，并将"口"字或类似"口"字的造型特别加大强调。

第三行：经过上述修正后书写出的字体。

4. 阿拉伯数字设计

图 1—32 为分解步骤图解。

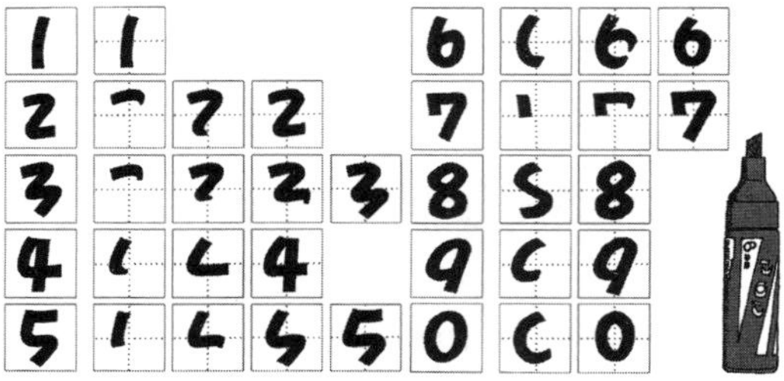

图 1-32　阿拉伯数字

图 1-32　阿拉伯数字

5．英文字母设计（图 1-33）

图 1-33　英文字母

1.4　作业 1——基本字体与美术字体练习

1.4.1　作业要求

1．绘图笔书写于 A4 白纸上，徒手书写制图规范中标准的宋体字。

2．马克笔书写于 A4 白纸上，徒手书写 POP 字体中汉字、数字、英文字母，并设计 POP 海报一份。

1.4.2　评分标准

字体练习评分标准（总分100分）				
序号	阶段	总分	分数控制体系	分项分值
1	版面排列整齐	20	间距整齐	6
2			填满字格，高宽比例正确	8
3			笔画粗细一致	6
4	仿宋字形标准	30	笔画准确	10
5			字形特征明确	10
6			布局美观	10
7	POP字体	30	中文字体部分美观合理	7
8			英文字体部分美观合理	7
9			阿拉伯数字部分美观合理	7
10			字体编排结构合理	9
11	POP海报	20	造型创意新颖	6
12			字体美观有特色	6
13			版式编排合理结构平衡	8
总计		100		100

1.4.3　作业与评语

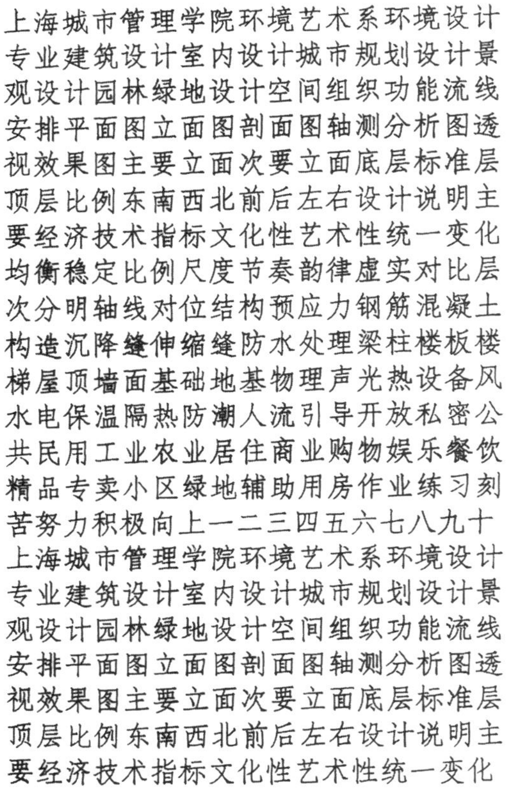

上海城市管理学院环境艺术系环境设计
专业建筑设计室内设计城市规划设计景
观设计园林绿地设计空间组织功能流线
安排平面图立面图剖面图轴测分析图透
视效果图主要立面次要立面底层标准层
顶层比例东南西北前后左右设计说明主
要经济技术指标文化性艺术性统一变化
均衡稳定比例尺度节奏韵律虚实对比层
次分明轴线对位结构预应力钢筋混凝土
构造沉降缝伸缩缝防水处理梁柱楼板楼
梯屋顶墙面基础地基物理声光热设备风
水电保温隔热防潮人流引导开放私密公
共民用工业农业居住商业购物娱乐餐饮
精品专卖小区绿地辅助用房作业练习刻
苦努力积极向上一二三四五六七八九十
上海城市管理学院环境艺术系环境设计
专业建筑设计室内设计城市规划设计景
观设计园林绿地设计空间组织功能流线
安排平面图立面图剖面图轴测分析图透
视效果图主要立面次要立面底层标准层
顶层比例东南西北前后左右设计说明主
要经济技术指标文化性艺术性统一变化

图 1–34　学生作业　陈艺君

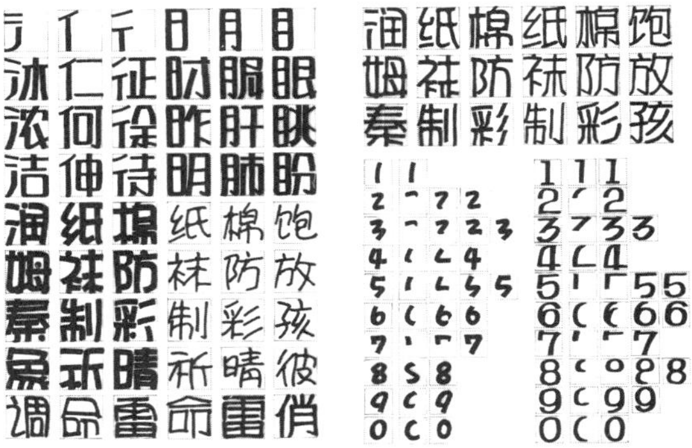

图 1–35　学生作业　陈艺君

ABCDEF
GHIJKL
MNOPQ
RSTUV
WXYZ
ABCDEFGHI
JKLMNOPQR
STUVWXYZ
TIME
时间
有志者—珍惜时间
勤奋者—抓紧时间
懒惰者—消磨时间
oh my baby
好学者—挤出时间
骄傲者—丧失时间

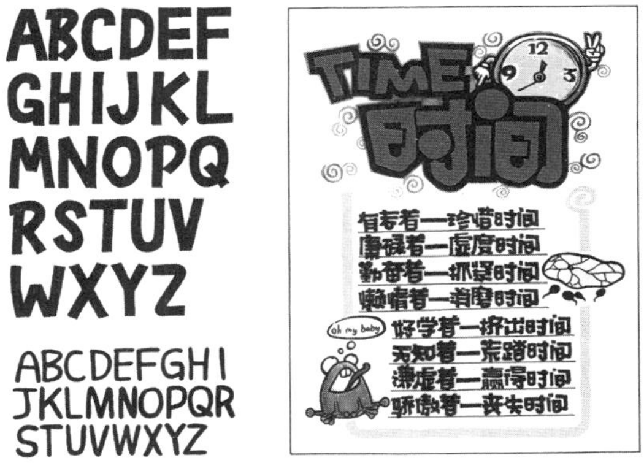

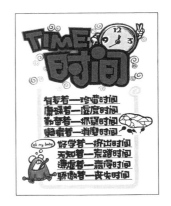

图 1–36　学生作业　陈艺君

评语：该学生作业仿宋体字练习部分字形饱满标准，特征明确，版面排列整齐；POP 字体练习部分字体生动，风格统一，排列整齐，海报设计版式美观，结构合理，可见是精心设计练习的结果。

模块二   线条基础

教学目的：掌握制图规范中有关图线的相关规定
　　　　　　掌握彩色铅笔与马克笔的技法
　　　　　　掌握在不同纸上绘制效果与方法的差异

所需理论：见第 2 章
作业形式：使用各类绘图笔绘于纸上
作业内容：钢笔线条，彩色铅笔，马克笔练习
所需课时：12
评分体系：见第 2 章

作业 2　尺规墨线线条练习
作业要求：使用尺规等工具，针管笔绘于 A3 白卡纸上
训练学时：12 ～ 16
范例与评语：见第 2 章

作业 3　徒手线条练习
作业要求：针管笔墨线绘于 A3 白纸上
训练学时：12 ～ 16
范例与评语：见第 2 章

作业 4　马克笔及彩铅线条练习
作业要求：马克笔与彩色铅笔绘于 A3 白纸或硫酸纸上
训练学时：12 ～ 16
范例与评语：见第 2 章

2

第 2 章　线条基础

2.1　工程图线条练习工具及其使用方法

虽然电脑绘图已经广泛地运用在工程绘图领域，工具线条图仍是设计专业初学者必须掌握的基本技能之一，它是各种绘图技能的根本。

工具线条图就是使用绘图工具（丁字尺、圆规、三角板等）工整地绘制出来的图样，根据不同的绘图工具加以区分它又可以分为铅笔线条图和墨线线条图两种。

用绘图工具绘制线条图之前，必须了解绘图工具。本节主要介绍手工绘图的常用工具及其使用方法。

2.1.1　常用绘图工具及放置示意（图2-1）

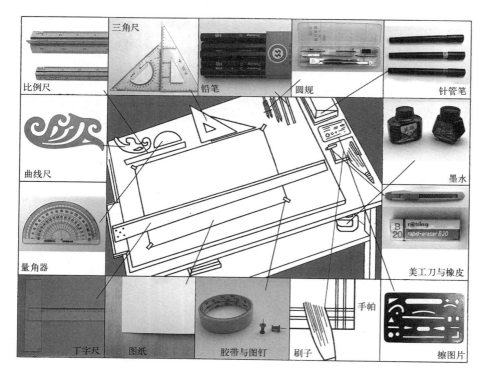

图2-1

2.1.2　各线条绘图工具的使用方法

1. 铅笔、直线笔和针管笔

制图常用铅笔的型号为H-6B，其中草图用HB-6B，底稿用H-3H，加深用HB-3B。纸质较粗硬时，可用笔芯较硬的铅笔；纸质较松软时，可用笔芯较软的铅笔；天气晴朗干燥时，可用笔芯较硬的铅笔；天气阴雨潮湿时，可用笔芯较软的铅笔。

铅笔的削法及使用方法如图 2-2 所示。

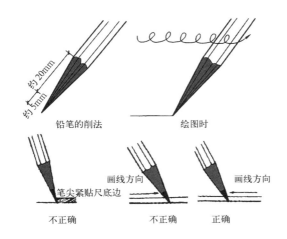

铅笔的削法   绘图时

笔尖紧贴尺底边   画线方向   画线方向

不正确   不正确   正确   图 2-2

    铅笔线条图是一切建筑画的基础，通常用于起稿和方案草图，因此要求画面整洁、线条光滑、粗细均匀、交接清楚。以下是铅笔线条绘图中常见的错误（图 2-3）。

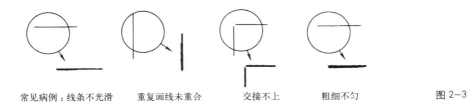

常见病例：线条不光滑   重复画线未重合   交接不上   粗细不匀   图 2-3

    直线笔（鸭嘴笔）用墨汁或绘图墨水，色较浓，所绘制的线条亦较挺；针管笔用碳素墨水，使用较方便，线条色较淡。

    直线笔又名鸭嘴笔，使用时要保持笔尖内外侧无墨迹，以免洇开；墨水量要适中，过多易滴墨，过少易使线条干湿不均匀（图 2-4）。

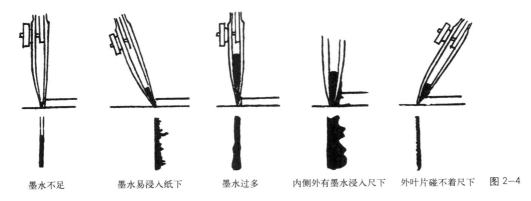

墨水不足   墨水易浸入纸下   墨水过多   内侧外有墨水浸入尺下   外叶片碰不着尺下   图 2-4

    直线笔画线常见的几种错误：直线笔尖过于逼近尺边，用力不均；中途停顿，在接头时墨汁过多；笔尖含墨过多，未到位置上已滴下一滴，快慢不匀，快则细，慢则粗（图2-5）。

图2-5

直线笔执笔的正确姿势（图2-6）。

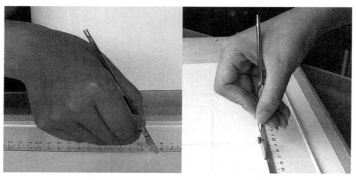

正面　　　　　　　　　　侧面　　　　　图2-6

直线笔调整螺丝可控制线条粗细，画线过程中不出水，通常是笔尖墨水干结或有渣，用毕务必放松螺丝，擦尽积墨。此工具为传统绘图工具，因使用要求较高，现在此种工具运用较少了，基本被针管笔取而代之。

2．丁字尺、图板和图纸

丁字尺是最常用的工具线条绘图的工具，首先要保证它的干净，使用的要领为：丁字尺尺头要紧靠图板左侧，不可在图板的其他侧向使用；水平线要用丁字尺自上而下移动，笔迹由左向右。丁字尺的使用如图2-7（a）～图2-7（f）所示。

图板的规格有0号、1号、2号，根据设计内容选用合适的规格。图板的硬木边必须保持笔直且完好无损，且板面平滑。

图纸需选用工程制图专用的绘图纸，一般由绘图者根据需要选定规格尺寸。图纸在图板上的位置如图2-8（a）～图2-8（c）所示。

3．三角板和曲线板

三角板的使用如图2-9（a）～图2-9（c）所示。

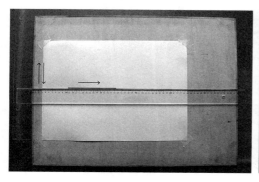
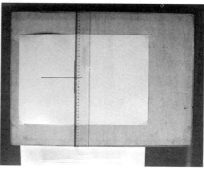

图2-7（a）正确：丁字尺必须靠图板左边移动，画平行线必须自左至右（左）

图2-7（b）不正确：不能用来画垂直线（右）

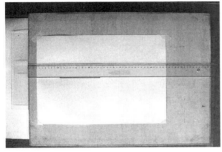

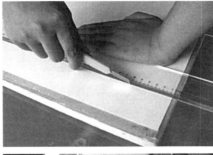

图 2-7 (c) 不正确：不能用尺身下侧画线（左）

图 2-7 (d) 不正确：不能用尺身上侧切纸（右）

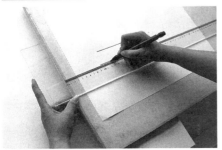

图 2-7 (e) 近尺头画线时手的姿势（左）

图 2-7 (f) 画长线时手握尺头，丁字尺易弯曲或移位（右）

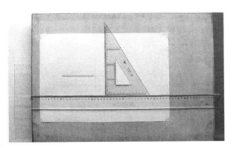

图 2-8 (a) 正确

图 2-9 (a) 利用两种三角板可画 15° 及其倍数的各种角度

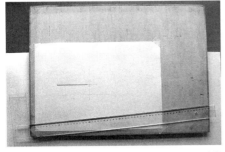

图 2-8 (b) 不正确：图底部画线时尺身易移位

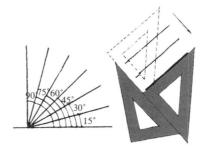

图 2-9 (b) 用三角板画平行线

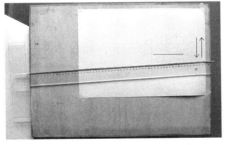

图 2-8 (c) 不正确：尺端易摆动

图 2-9 (c) 用三角板画垂线：画垂线手的姿势画线应自下而上

曲线板的使用如图2—10所示。

1）先徒手轻轻地连接各点（1—7点）勾成一曲线。

2）选曲线板的一段，至少对齐三点（1—3）点。

3）继续画另一段时至少包括已连好部分的两点，并留出一小段线不画。

4）用上述方法继续画线，即能画出光滑的曲线。

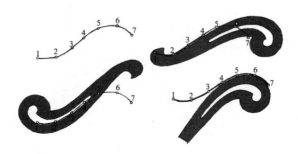

图2—10

画对称曲线

先定出对称轴线，用曲线板画出一边的一段曲线，并在曲线板上用铅笔作出轴线与线段长度的记号，然后将曲线板翻过来画出对称的另一段曲线（图2—11）。

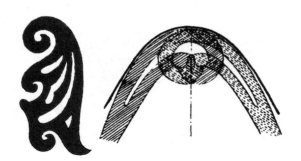

图2—11

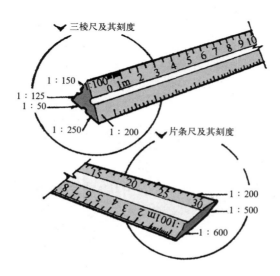

图2—12

4．比例尺

三棱尺有六种比例刻度，片条尺有四种，它们还可以彼此换算。比例尺样式如图 2–12 所示。

比例尺上刻度所注的长度，就代表了要度量的实物长度（图 2–13），如 1：100 比例尺上 1m 的刻度，就代表了 1m 长的实物。因为，实际尺寸上的刻度只有 10mm，即 1cm，所以用这种比例尺画出的图形上的尺寸是实物的 1/100，它们之间的比例关系是 1：100（表 2–1–（a）～（b））。

表2–1（a）

图样名称	比例尺	代表实物长度	图面上线段长度
总平面或地段图	1：1000	100（m）	100（mm）
	1：2000	500（m）	250（mm）
	1：5000	2000（m）	400（mm）
平面、立面、剖面图	1：50	10（m）	200（mm）
	1：100	20（m）	200（mm）
	1：200	40（m）	200（mm）
细部大样图	1：20	2（m）	100（mm）
	1：10	3（m）	300（mm）
	1：5	1（m）	200（mm）

用不同比例尺画出同一实物，各类建筑图样常用比例举例，如图 2–13 所示。

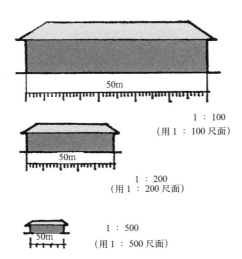

1：100
（用 1：100 尺面）

1：200
（用 1：200 尺面）

1：500
（用 1：500 尺面）

图 2–13 各类建筑图样常用比例

比例尺尺面换算举例　　　　　　表2–1（b）

比例尺	比例尺上读数	代表实物长度	换算比例尺	比例尺上读数	代表实物长度
1：1000	1（m）尺度读数 实际长度10（m）	1（m）	1：1000	1（m）	10（m）
			1：500	1（m）	5（m）
			1：200	1（m）	2（m）

比例尺	比例尺上读数	代表实物长度	换算比例尺	比例尺上读数	代表实物长度
1:500	10（m） 读数实长20（m）	10（m）	1:250	10（m）	5（m）
1:1500	10（m） 读数实长6.6（m）	10（m）	1:3000	10（m）	20（m）

5．圆规和分规

1）用圆规画圆时，应依顺时针方向旋转，规身可略前倾。画小圆时，可用点圆规。画同心圆时，应先画小圆，再画大圆。圆规的使用如图2-14-（a）~（f）所示。

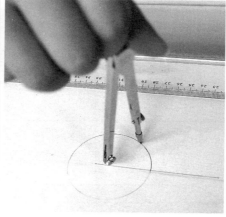

图2-14（a）画圆时要依顺时针方向旋转（左）

图2-14（b）规身稍向前倾（右）

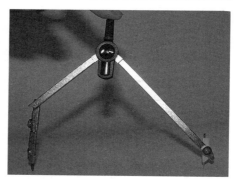
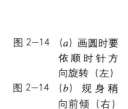

图2-14（c）点圆规画小圆时用，画同心圆时先从小圆画起以免针孔扩大影响小圆精度（左）

图2-14（d）画大圆时针尖与笔尖要垂直于纸面（右）

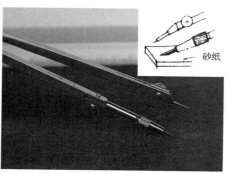

图2-14（e）针尖要稍长于铅笔尖

图2-14（f）铅芯要磨成长斜形

2) 先用分规在比例尺或线段上量得所需线段长度，然后如图方法将线段等分到图纸上。分规使用如图 2—15—（a）～（d）所示。

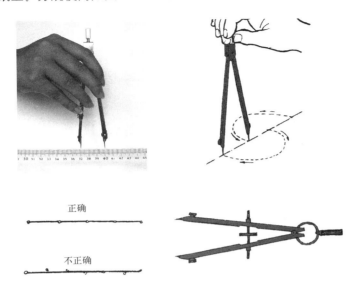

图 2—15（a）在比例尺上量取所需的线段（左）

图 2—15（b）用分规等分线段的方法（右）

正确

不正确

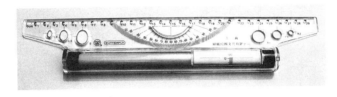

图 2—15（c）分规针尖位置应始终在待分的线上（左）

图 2—15（d）弹簧分规可作微调（右）

6. 滚轴尺、模板和擦线板

滚轴尺按滚轴上的尺寸刻度画直线，画平行线较为方便，是非常有使用价值的工具之一（图 2—16）。

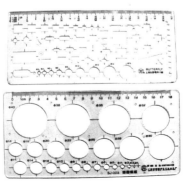

图 2—16

擦线板一般由薄金属片（以不锈钢为佳）或透明胶纸片制成。其作用是用橡皮擦除在板孔内的线段，而不影响周围的其他线条。擦线时必须把擦线板紧紧地按牢在图纸上，以免移动而影响周围的线条（图 2—17）。

为提高制图效率，绘图时常选用模板。模板有建筑模板、圆模板、椭圆模板、卫生洁具模板、家具模板、字模板等。模板比例有 1：50、1：100，可根据设计需要选用（图 2—18）。

图 2—17（左）
图 2—18（右）

7．工具线条图作图顺序

为提高制图效率、减少差错，可参考如下作图顺序：

1）先上后下，丁字尺一次平移而下；

2）先左后右，三角板一次平移至右；

3）先曲后直，用直线容易准确地连接曲线；

4）先细后粗，铅笔粗线易污图面，墨线粗线不容易干，先画细线不影响制图进度。

2.1.3 线条的种类、交接及画线顺序

1．线条的种类

1）实线：表示实物的可见线、剖断线及材料表示线等，制图时根据表达内容不同可选用粗细不同等级的实线，如剖断线最粗，材料表示线最细，其他取中等。

2）点画线：表示物体的中心位置或轴线位置。

3）虚线：表示实物被遮挡部分或辅助线等，如图 2—19 所示。

2．线条的加深和加粗

铅笔线宜用较软的铅笔 B—3B 加深或加粗，然后用较硬的铅笔 H—B 将线修齐。

墨线的加粗，可先画边线，再逐笔填实。如一笔画粗线，由于下水过多，势必在起笔处肥大，纸面也容易起皱，如图 2—20 所示。

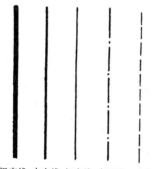

粗实线　中实线　细实线　点画线　虚线

图 2—19（左）
图 2—20（右）

3．线条的交接（图 2—21、图 2—22）

4．画线的顺序

1）铅笔画稿线应轻而细。

2）先画细线、后画粗线，因为铅笔线容易被尺面磨落而弄脏图面，粗的墨线不易干燥，易被尺面涂开。

3）在各种线形相接时应先画圆线和曲线，再接直线。因为用直线去接圆或曲线容易使线条交接光滑。

4）画时先上后下，先左后右，这样不易弄脏图面。

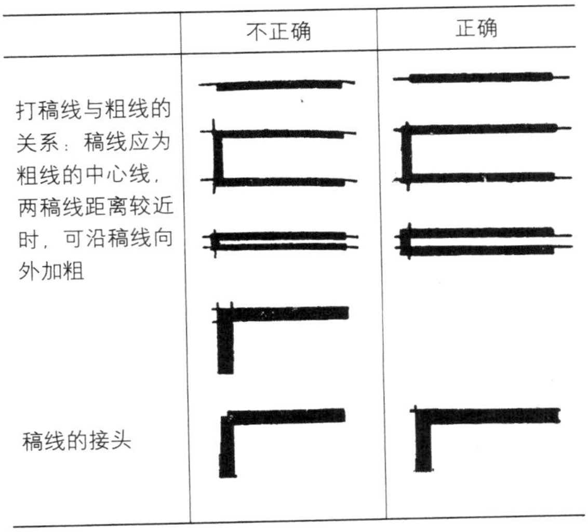

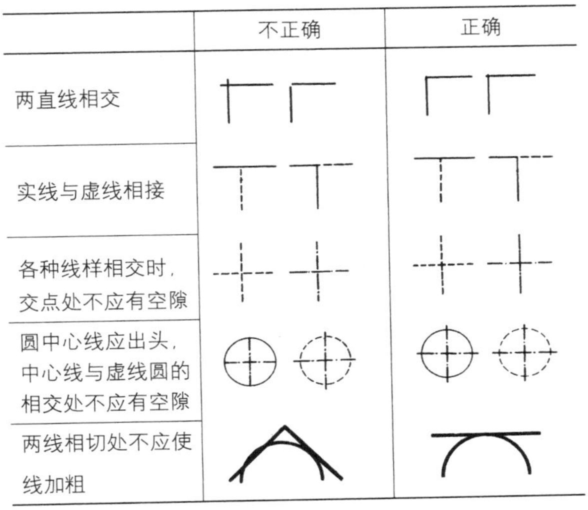

	不正确	正确		不正确	正确
打稿线与粗线的关系：稿线应为粗线的中心线，两稿线距离较近时，可沿稿线向外加粗			两直线相交		
			实线与虚线相接		
			各种线样相交时，交点处不应有空隙		
			圆中心线应出头，中心线与虚线圆的相交处不应有空隙		
稿线的接头			两线相切处不应使线加粗		

5）画完线条再注尺寸与说明，最后写标题画边框。

图 2-21（左）
图 2-22（右）

2.2 表现基础训练——徒手线条

2.2.1 钢笔线条

徒手线条是建筑方案和效果图表现之前，环境艺术及其相关专业的学生需要具备一些基本的表达技能，它是设计概念表达的媒介和语汇，通过运用二维的线条可以表达不同的三维空间、光影变换和材料质感等。

绘制徒手线条图的工具有很多（图 2-23），运用不同的工具所表现的效果虽然有所不同，但基本表现方法殊途同归，这里将着重介绍钢笔徒手线条的表现，这一工具的使用频率最高，价格适中，便于携带，而且图纸可保持较长时间。

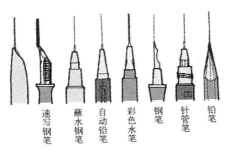

速写钢笔　蘸水钢笔　自动铅笔　彩色水笔　钢笔　针管笔　铅笔

图 2-23 徒手线条绘制工具

1.钢笔线条的技法要领

1）绘制钢笔徒手线条可选用的笔很多，有普通针管笔、一次性针管笔、蘸水钢笔、普通钢笔、速写钢笔等。使用笔的种类不同，其效果和运笔方式也稍有不同。

（1）普通针管笔：笔尖的粗细型号可以灵活选择，但由于其笔尖似针，所以在绘图时笔必须垂直于纸面，如果手部稍有倾斜，就会造成出水不利，甚至还会刮坏纸面，所以，一般普通针管笔较多地运用在工具图的表现上，在徒手随意性的勾画表现上不占优势，但如果运用该工具绘制徒手线条的话，必须注意：手部持笔的角度应垂直于纸面。

（2）一次性针管笔：它具有普通针管笔的优势，是目前设计行业运用最广泛的绘图工具。笔尖的粗细可自由选择，比如，我们一般选择笔尖粗细为0.2mm或0.3mm的笔完成常规线条或透视图的勾线部分，用笔尖粗细为0.5mm的笔进行图面上的局部加粗。由于它的笔尖为尼龙材料，与纸面的接触具有一定的弹性，而且各方向旋转比较自如，手部不受角度限制可以得到放松，有利于表现出线条的灵活性和弹性。一次性针管笔不可重复利用，消耗较大。

（3）普通钢笔：它的线条均衡，出水流畅，携带起来十分方便，是初学者使用较多的工具，不足之处就是笔尖没有粗细的选择，所以多用于钢笔画的勾线和排线，对于线条需要粗细变化的场合不是很适用。而且由于出水较多，最好绘制于吸水性较强而不会洇开的白纸上，避免绘制在硫酸纸上，因其吸水性差，需要较长的时间等待墨线干透。而且，手部容易不小心碰触未干线条，弄脏画面。

（4）速写钢笔：它与普通钢笔的不同就在于可以依靠手部的压和提来控制线条的粗细，对于钢笔画中的阴影部分可压低笔尖大笔涂抹，提笔用较细的笔触勾线，这有利于提高绘画速度，对于建筑或环境速写的表现比较有利，但不适合长期作业。

（5）蘸水钢笔：使用方式是边画边蘸墨水，依靠墨水的多寡和运笔角度控制线条粗细。墨水量多时，线条色彩较饱满，边画墨水边减少，直至线条变细变干涩。由于工具不便携带且绘制过程繁琐，不推荐初学者使用。

总结以上几种徒手勾线工具，最适合初学者使用的就是一次性针管笔和普通钢笔，因为它们便于携带，不需要特殊的使用技巧，容易上手。

2）在开始练习钢笔线条时，应从水平、垂直、斜直线开始，特别注意绘图姿势、握笔力度、线条方向和运笔速度（图2-24、图2-25）。以下是几点绘图基本知识：

（1）练习时手握笔，手腕和手肘放松，线条的拉伸是由上臂带动前臂和手，手腕和手肘相对不动，这样有利于保持线条的平直。手握笔时不能过于用力，从手到手腕都是放松的，这样的线条才富有弹性，不会僵直。

（2）一般右手绘图者的运笔方向为：水平线条从左向右，垂直线条从上向下，斜线条则相对较灵活，可以本着从左边、上边开始的原则视情况而定。

（3）开始练习时注意放慢速度，从容而肯定地画线，或可伴随呼吸，在拉线时稍稍屏气或轻微地吸气，配合练习的节奏，不能求快求多。也可在白纸上预先画根垂直和水平的线，帮助加强初学者对于垂直和水平感觉的把握。

在练习了一定量的平直线条后还需要练习抖动的直线、曲线、圆以及点的画法。作业以外，还要学会运用闲暇时间训练自己的手头功夫，平时可随身携带一本速写本或者自己准备些废纸，在机动时间加以练习，只有多练才能绘

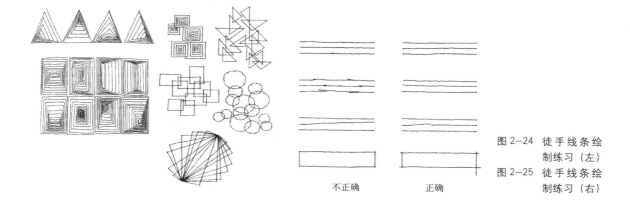

不正确　　　　　正确

图2—24　徒手线条绘
　　　　制练习（左）
图2—25　徒手线条绘
　　　　制练习（右）

制出灵活自由的徒手线条。

　　3）几个练习小窍门

　　（1）用笔放松，当不能保持线条平直时，可停顿调整，注意在停顿处留有间隙，具有似断非断的效果。避免出现连接点，使线条显得拖沓。

　　（2）运用肯定的单线，开始时缓慢而肯定，切忌草率地运用小段线条重复描绘。

　　（3）尽量保持线条的平直，如果发现线条不小心倾斜，可以停顿后从正确的位置继续。

　　（4）线条的交接最好出头搭接，比对齐交接更有设计感。

　　2. 钢笔线条的叠加技法

　　在用钢笔徒手线条表达光影关系的时候，通常是运用线条的叠加和线条的疏密变化来完成所谓的"渐变"关系，形成一种黑白灰的大调子。

　　学生需要练习的首先是单向线条由稀疏逐渐加密的排布，形成白－灰－黑的渐变关系，然后练习不同方向线条的叠加，点的叠加以及小碎线的叠加（图2—26）。

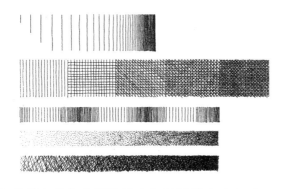

图2—26

　　在掌握了运用线条叠加来塑造黑白灰关系的方法之后，可以把这种表现技法结合素描原理运用于一个简单的三维形体的表达上，如最简单的立方体（图2—27），在美术基础课程中我们学习过：立方体由于光线照射而形成的黑白灰

图 2—27

面，然后分别用水平线、垂直线、斜线、随意弯线的叠加来表达其光影关系。在绘制时注意黑白灰三个面的层次，线条叠加的间距，特别是对于最深的阴影部分要注意排线的秩序性，不能涂成漆黑一片，图面就会显得闷死。

3. 钢笔线条表达材质的质感

单一的钢笔线条是不能表达特定的含义的，只有采用不同形式的线条，以及线条的组合排布方式的变化，才会使图面拥有不同表情。在徒手钢笔画和部分平立面图的绘制过程中，我们通常运用线条表达不同的材质，这样能使表达更为生动、充分、细腻。

一般而言，在表达较为光滑的材质的时候，采用流畅的线条，并注意局部留白以强调光滑材质表面强烈的反光。而在表达质感粗糙的材质的时候，通常用顿挫的短线、细密的曲线或以点和圆圈的形式表达，因为没有太多的反光关系，线条在整体界面内的排布相对较满。

学生可通过临摹了解和掌握一些常规的表达手法，并在平时的学习中做个有心人，注意观察和收集不同材质的钢笔徒手表现技法充实自己的素材库，图 2—28 为一些常见的室内外材质的表达方法。

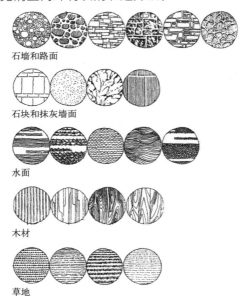

石墙和路面

石块和抹灰墙面

水面

木材

草地

图 2—28

在钢笔画表达中通常一幅图中出现多种材质的物体，为保证画面的整体性需要对于不同质感的表达有所取舍，一般会依据受背光不同和远近关系等不同而有所侧重。这与素描课中的原理大致相同，比如对于近处景物的质感表达较为细腻，远处稍放松，从而形成近实远虚的空间关系；受光面的质感表达不必着重强调，背光和阴影面的表达则可以相对完善，从而形成光影关系。

2.2.2 马克笔线条

马克笔上色具有一定的水彩效果，画面轻快，笔触宽大节省时间，所以是设计快速表现的重要工具。

1. 特征

模块一中已介绍过马克笔的种类主要有水性马克笔和油性马克笔，它们共同的特点是笔头较宽，笔尖可画细线，斜画可画粗线，类似美工笔用法，通过线、面结合可达到理想的绘画效果。

马克笔可绘制在白纸上和硫酸纸上，水性马克笔的色彩相对厚重，笔触叠加层次明显，油性马克笔绘制在硫酸纸上具有特殊的轻透效果，它溶于甲苯，可用其进行适度修改。

2. 马克笔的基础技法

1）重叠法。运用马克笔组合同类色色彩，排出线条。

2）叠彩法。运用马克笔组合不同的色彩，达到色彩变化，排出线条。

3）并置法。运用马克笔并列排出线条。

3. 表现步骤

先用墨线笔打形，然后用马克笔晕染，顺序为由浅到深，大面积排线的运笔方向最好顺透视方向或垂直方向，避免笔触凌乱破坏画面的整体效果。

马克笔的排线有两种：（图2-29、图2-30）一种为平行排线，表现块面的整体色彩；另一种为"Z"字形排线，表现色彩的渐变关系。这两种排线形式应结合使用，全部为平行排线画面则较呆板，全部为"Z"字形排线则画面显凌乱，所以常用的手法是远景平行排线，朴素处理，近景采用"Z"字形排线，突出一种装饰性，从而活跃画面。

马克笔一旦画坏无法修改，初学者通常在开始的时候稍有畏惧心理，要注意放松心情，动笔之前在试笔纸上先尝试，做到心中有数，通过一定量的积累就可轻松掌握。

左：马克笔平行排线，色彩均匀；

中："Z"字形排线，表现色彩渐变关系；

右：一遍干后叠加，强化色彩渐变关系。

图2-29 油马克排线
画法（左）
图2-30 水马克排线
画法（右）

1）平面线条的排列（图 2—31）

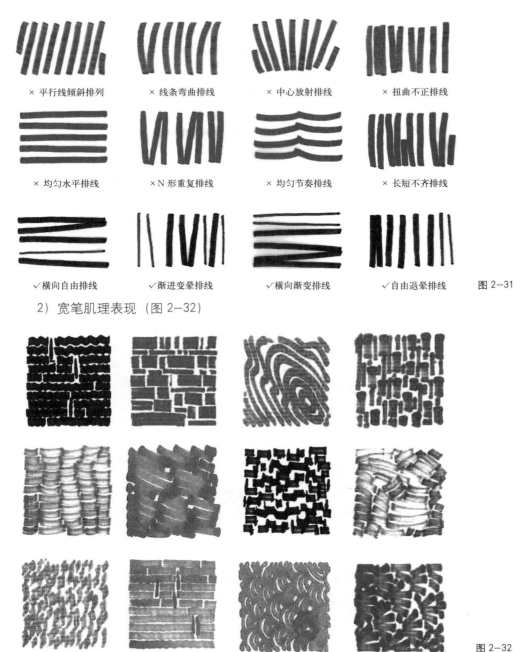

×平行线倾斜排列　×线条弯曲排线　×中心放射排线　×扭曲不正排线

×均匀水平排线　×N形重复排线　×均匀节奏排线　×长短不齐排线

√横向自由排线　√渐进变晕排线　√横向渐变排线　√自由退晕排线　图 2—31

2）宽笔肌理表现（图 2—32）

图 2—32

3）物体的外形表示方法

马克笔原意符号笔，它把画面所有的颜色加以归纳，用少数几种不同的颜色符号表达出来。

马克笔的线条可归纳约为 9 种：

（1）平顶光影线；

（2）墙面光影线；

（3）地面光影线；

（4）地面倒影线；

（5）墙面深浅排线。

（6）桌面玻璃倒影线；

（7）阴影线；

（8）家具立面排线；

（9）地板透视线；

（10）此外还有各种不同体形、不同材质的宽笔表现（图2-33）。

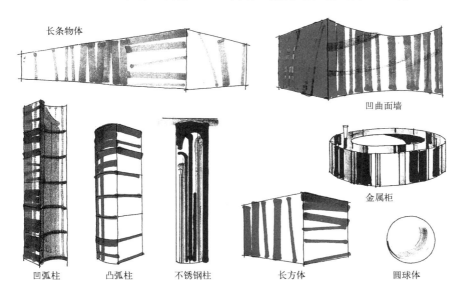

图2-33

2.2.3　彩铅——线条排列练习

彩铅表现是运用彩色铅笔作为绘图工具的效果图表现形式，这种表现形式经典历久，被设计界广泛采用，始终是表现技法中最流行、运用最广的方式方法。

绘图者一般根据个人的需要购买12色、24色、48色等规格的盒装彩铅，也有单支零售，可根据自己所需集中购买一些色系。一般绘于白纸或色纸上，纸面最好稍许粗糙，便于表现肌理，避免光滑的纸面使铅笔打滑，无附着力。

1. 彩铅的特点

携带方便，色彩丰富，彩铅上色快捷方便、简洁，非常适合作为设计的快速表达工具。彩色铅笔有其特有的笔触，用笔轻快，线条感强，可徒手绘制，也有靠尺排线。绘制时注重虚实关系的处理和线条美感的体现。但不宜大面积单色使用，造成画面呆板，平淡。

2. 分类

彩色铅笔分为蜡质和水溶性两类，一般国产价格低廉的彩铅多为蜡质的，笔触的色彩不均匀，不推荐专业绘图采用；水溶性彩铅的质地细腻，画感舒适，可以借助毛笔蘸水晕开，产生水彩的效果，但在快速表现图中一般不采用水溶效果。

3．彩铅的基础技法

1）平涂排线法

运用彩色铅笔均匀排列出铅笔线条，达到色彩一致的效果。

2）彩法

运用彩色铅笔排列出不同色彩的铅笔线条，色彩可重叠使用，变化较丰富。

3）溶退晕法

利用水溶性彩铅溶于水的特点，将彩铅线条与水融合，达到退晕的效果。

4．彩铅的绘制方法

绘图的步骤为先用墨线打出形，然后用彩铅以排调子的笔触进行叠色。当不能一步到位地使用单色彩铅表达色彩的时候，可通过多支笔进行色彩的叠加表现丰富的内容。

因为彩色铅笔是半透明材料，应该按照先浅色后深色的顺序一步一步画，不可急进，否则画面容易深色上翻，缺乏深度。

色彩的退晕关系通过三种方式实现：

1）调子排布的疏密：色彩重的地方调子密集，色彩清淡的地方调子稀疏；

2）控制手腕用力的轻重：色彩重的地方用力，色彩轻的地方放松手腕；

3）调子的叠加程度：色彩重的地方多次多色叠加，色彩清淡的地方清涂一层带过。

彩铅的排线方式如图 2-34 所示。

A   B   C   D

图 2-34

A 同色多组调子的叠加，形成色彩的渐变关系；

B 运用同等力度的调子，色彩均匀；

C 运笔力度轻重变化，形成色彩的渐变关系；

D 两个色彩的叠加，形成色彩的过渡关系。

5．修改

彩铅和素描用铅笔不同，很难用普通的橡皮除去，可以一款用来修改墨线线条的沙橡皮，其中国产的比较适合做特效，有些笔较为细腻，可做细小修改之用。

2.2.4 练习用于分析图的表达

在设计的前期阶段，设计师需要对于给定的设计条件以及相应的功能要求进行一定的分析思考，为了把这个思考过程明确地表达出来，会在思考的同时勾勒一些分析草图。这些草图大都较为概括，仅就功能、流线等进行排布，所以分析图大都运用简单的符号和图形，因为伴随思考需要不断调整，所以有些徒手分析图比较潦草。

在设计的最终表达阶段，为一目了然地向甲方解释设计意图也会用分析图来说明，这时的分析图相比之前的更为正式，目前大多运用电脑来绘制设计完成后的分析图，所以这里介绍的分析图更针对设计的初始阶段。

一般，分析图是为了强调多种设计要素之间的"关系"，所以常用点、线、面的符号来突出表现，比如用点可以标明单体、核心等，用面可以标明区域、范围等，用线可以标明流线、视线，强调相互关系等。

在分析图中点、线、面的符号的表现有很多种（图 2-35）。

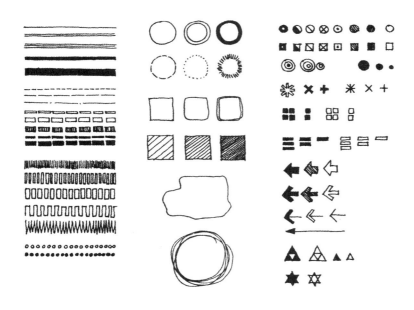

图 2-35

分析图的内容也各有侧重，比如有些表达功能体之间的主从关系或逻辑关系（图 2-36），有些表达功能块的聚散、叠加等空间关系，还有一些表达设计平、立、剖面的概括性设想，当然还有更多的形式，学生可以在平日多加关注和收集作为素材。

徒手分析图的表现除了运用绘图墨线笔外，还有很多种选择，比如铅笔、彩色水笔、马克笔等，特别是马克笔，其笔尖形状扁宽，可以绘制出多种线形，并且方便平涂，色彩丰富，绘制分析图时几种色彩叠加在一起比较醒目并且层次清晰，所以较多地被采用。分析图可以绘制在普通白纸上，也可以在底图上铺上拷贝纸或硫酸纸，借助底图的线形进行绘制。

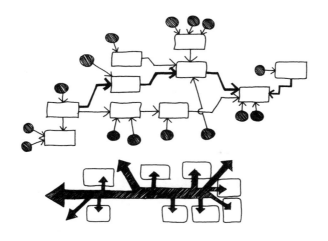

图 2—36

2.3 作业2——尺规墨线线条练习

2.3.1 作业要求：使用尺规等工具，针管笔绘于A3白卡纸上

2.3.2 评分标准

序号	阶段	总分	分数控制体系	分项分值
1	版面排布	50	图纸洁净，没有涂改和破损	20
2			线条排列整齐，上下左右对齐	15
3			间距相等，线条平行	15
4	线条绘制标准	50	线条粗细区分清晰	15
5			线条光滑，曲线顺畅	20
6			线与线之间交接正确	15
	总计	100		100

尺规墨线线条练习评分标准（总分100分）

2.3.3 作业及评语

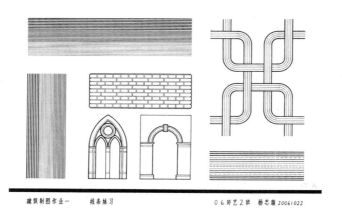

建筑制图作业一　　线条练习　　　　　　　　06环艺2班　杨忠璇 20061022

图 2—37　学生作业
杨忠璇

评语：该学生作业能够合理利用绘图工具，图纸版面整洁、优美，绘制的线条粗细区分明确，线与线之间接头清楚，直线挺而有力，曲线光滑顺畅。

2.4 作业3——徒手线条练习

2.4.1 作业要求：针管笔墨线绘于A3白纸上

2.4.2 评分标准

徒手线条练习评分标准（总分100分）				
序号	阶段	总分	分数控制体系	分项分值
1	版面排布	30	图纸洁净，没有涂改和破损	10
2			线条排列整齐，上下左右对齐	10
3			构图和谐，符合构图原理	10
4	线条绘制标准	40	线条富有弹性	10
5			线条之间间距均衡，出水流畅	15
6			水平线、垂直线、斜直线的掌握到位	15
7	图面表达效果	30	黑白灰的明暗关系明显	15
8			能合理表达出不同材质效果	15
	总计	100		100

2.4.3 作业与评语

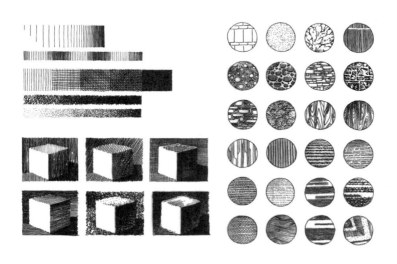

图2-38 学生作业
陈艺君

评语：该生作业能够通过徒手线条练习，绘制富有弹性的线条，具有一定的表现力，掌握了通过不同形式的线条和组合排列变化来表达物体的能力，以及用不同笔触来表达不同材质的能力，是个有特色的优秀作业。

2.5 作业4——马克笔及彩铅线条练习

2.5.1 作业要求：马克笔与彩色铅笔绘于 A3 白纸或硫酸纸上

2.5.2 评分标准

序号	阶段	总分	分数控制体系	分项分值
	马克笔及彩铅线条练习评分标准（总分100分）			
1	版面排布	30	图纸洁净，没有涂改和破损	10
2			线条排列整齐，上下左右对齐	10
3			构图和谐，符合构图原理	10
4	线条绘制	30	线条自由顺畅	10
5			线条之间间距均衡，富有韵律	10
6			不同粗细马克笔运用的掌握	10
7	图面效果	40	黑白灰的效果明显	10
8			马克笔线条叠加自然合理，过渡自然	10
9			彩铅线条叠加自然合理，过渡自然	10
10			颜色轻重统一，不出现明显水迹	10
	总计	100		100

2.5.3 作业与评语

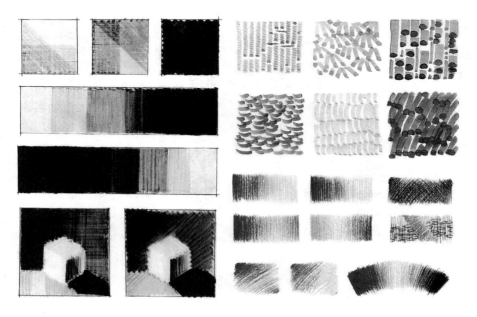

图 2-39 学生作业
陈艺君

评语：该学生作业笔触饱满，线条流畅，能够根据马克笔的特性，做到收放有致，但尚有一些水迹出现，彩铅线条退晕练习的自然过渡以及笔触都比较有韵律，但有些笔触还比较稚嫩，组合在一起略显零乱。

模块三 图纸抄绘

教学目的：掌握标准的图样画法与尺寸标准

掌握工程制图的方法和步骤

熟悉各类配景的形式与画法

掌握彩色铅笔与马克笔的技法

了解建筑设计图纸的绘制方法

了解室内设计图纸的绘制方法

所需理论：见第 3 章

作业形式：徒手与尺规相结合，彩色表现，绘于纸上

作业内容：钢笔线条，彩色铅笔，马克笔练习

所需课时：12

评分体系：见第 3 章

作业 5 独立式小住宅图纸抄绘练习

作业要求：绘图笔绘于 360mm×500mm 白卡纸上，选取一个单体小建筑的设计图，用尺规作图的方法绘制其平面与立面。

训练学时：16 ～ 24

评分标准：见第 3 章

范例与评语：见第 3 章

作业 6 室内设计图纸抄绘练习

作业要求：绘图笔绘于 A3 白纸上，选取一套室内空间设计图，绘制其平面、顶面、立面，后用彩色铅笔或马克笔上色。

训练学时：16 ～ 24

评分标准：见第 3 章

范例与评语：见第 3 章

作业 7 室内效果图抄绘练习

作业要求：绘图笔绘于 A3 白纸上，选取一张室内效果图，上墨线后用彩色铅笔或马克笔上色。

训练学时：16 ～ 24

评分标准：见第 3 章

范例与评语：见第 3 章

3

第 3 章　图纸抄绘

3.1 图纸的名称和类别

3.1.1 图纸的名称

建筑类图纸包括平面图、立面图、剖面图、节点详图等。室内环境类图纸包括平面图、顶面图、立面或剖立面图、大样图和详图等。室外环境类图纸包括平面图、小品设计详图、植被分布图等，情况较复杂，以出图要求而定。

1. 平面图

分为总平面图和平面图两种。总平面图反映了建筑与周围环境的关系，通常比例都较小，常用1：500或1：1000。平面图包含了地下平面图、底层平面图、楼层平面图和顶层平面图，反映了各楼层面的尺寸和布局状况。

2. 顶面图

反映了室内顶部空间的造型、灯具等设施的布置状况。

3. 立面图

含正立面、背立面和侧立面，反映了立面的造型以及门、窗的数量和开设的位置关系。

4. 剖面图

垂直于地面剖切建筑的正视图，反映了建筑内部的空间变化、层高以及相应室内家具的摆放情况。

5. 大样图和详图

为了更好地表达设计理念而单独绘制的某样物体的设计图或是施工图，常包括该物体的平面图、立面图和剖面图。

3.1.2 图纸的类别

1. 方案设计图

也就是我们通常说的设计草图。需要解决的是如何根据设计要求来合理地分割空间，解决相应的功能需要，同时又能清晰、明确地表达出自己的设计理念。

2. 技术设计图

对方案设计进行深入的技术研究，确定有关的技术作法，使设计进一步完善。这个时候的设计图要给出确定的度量单位和技术作法，为施工图的制作准备条件。

3. 施工图

要按国家制定的制图标准进行绘制。

1）建筑类施工图应包括平面图、立面图、剖面图及节点详图。

2）室内设计类施工图应包括平面图、顶面图、立面或剖立面图、大样图和详图。

3）室外环境类施工图包括平面图、小品设计详图，其他的以设计需要而定。

在施工图中应详细地绘制出各个部位的尺度，如长、宽、高的具体尺寸，所选用的材质、颜色，采用的施工工艺，作为实际施工的依据。

4．竣工图

工程竣工后按实际所绘制的图纸，反映了工程施工阶段增加的工程和变更的工程内容。如果是在施工图上改绘竣工图的，则必须在施工图的相应位置标明变更的内容及依据，如果是在结构、工艺、平面布置等方面有重大的调整，或是修改的部分超出图纸的1/3，就应当绘制新的竣工图。竣工图的图纸应该是新的蓝图，出图必须清晰，不能使用复印件。

3.2 制图规范

3.2.1 图纸幅面和格式 GB/T 14689—2008

1．图纸幅面尺寸

图纸幅面尺寸是指绘制图样所采用的纸张的大小规格。为了便于管理和合理使用纸张，绘制图样时应优先采用表3—1所规定的基本幅面。

图纸幅面（单位：mm）　　　　　　　　　　　　　　　　表3—1

图幅代号	A0	A1	A2	A3	A4
尺寸$B \times L$	841 × 1189	594 × 841	420 × 594	297 × 420	210 × 297
e	20			10	
c	10			5	
a	25				

必要时也允许选用与基本幅面短边成正整数倍增加的加长幅面。图3—1中，粗实线所示为基本幅面，细实线和虚线所示为加长幅面。

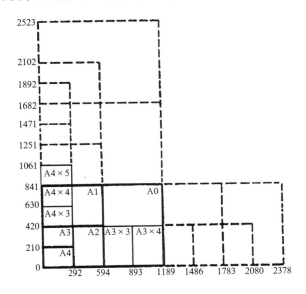

图 3—1

2. 图框格式

格式分留装订边（图3-2（*a*））和不留装订边（图3-2（*b*））两种，但同一产品的图样只能采用同一种格式，并均应画出图框线及标题栏。

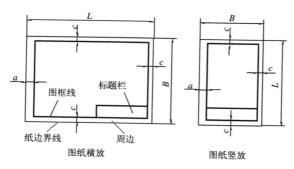

图3-2（*a*）留有装订边的图纸格式

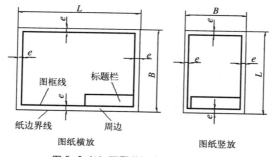

图3-2（*b*）不留装订边的图纸格式

图3-2

图框线用粗实线绘制，一般情况标题栏位于图纸右下角，也允许位于图纸右上角。标题栏中文字书写方向即为看图方向。

标题栏的基本要求、内容、尺寸和格式在国家标准《技术制图 标题栏》GB/T 10609.1—2008中有详细规定（图3-3），各设计单位根据各自需求格式亦有变化，这里不作介绍。

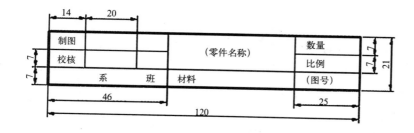

图3-3

3.2.2 比例 GB/T 14690—1993

1. 比例的概念

比例为图样中机件要素的线性尺寸与实际机件相应要素的线性尺寸之比。

2．比例的选用

绘制图样时应优先选取表 3—2、表 3—3 中所规定的比例。

表3—2

与实物相同	1：1		
放大的比例	5：1 5×10^n：1	2：1 2×10^n：1	1×10^n：1
缩小的比例	1：2 1：2×10^n	1：5 1：5×10^n	1：1×10^n

n为正整数

表3—3

与实物相同	1：1				
放大的比例	4：1 4×10^n：1		2.5：1 2.5×10^n：1		
缩小的比例	1：1.5 1：1.5×10^n	1：2.5 1：2.5×10^n	1：3 1：3×10^n	1：4 1：4×10^n	1：6 1：6×10^n

n为正整数

3．比例的标注

绘制同一物体的各视图时，应采用相同比例，并将采用的比例统一填写在标题栏的"比例"项内。当某视图须采用不同比例绘制时，可在视图名称的下方进行标注，如：$\dfrac{I}{2：1}$，$\dfrac{A-A}{2：1}$。

3.2.3　字体 GB/T 14691—1993

字体参照本书第 1 章。

3.2.4　图线 GB/T 17450—1998

1．基本线型及应用

常用的基本线型有粗实线、细实线、虚线、点画线、波浪线和双点画线，其应用见表 3—4（d 优先选用 0.7mm）。

2．图线宽度

机械工程图样中的图线宽度有粗、细两种，其线宽比为 2：1。线宽推荐系列为：0.13、0.18、0.25、0.35、0.5、0.7、1、1.4、2mm。

3．线素长度

手工绘图时，线素长度应符合表 3—5 的规定。

表3-4

图线名称	图线型式	图线宽度	一般应用
粗实线	——————	d	可见轮廓线 可见过渡线
细实线	———————	$0.5d$	尺寸线及尺寸界线 剖面线 重合断面的轮廓线 螺纹的牙底线及齿轮的齿根线 引出线 分界线及范围线 弯折线 辅助线 不连续的同一表面的连线 成规律分布的相同要素的连线
波浪线	～～～～	$0.5d$	断裂处的边界线 视图和剖视的分界线
双折线	—⋀—⋁—	$0.5d$	断裂处的边界线 视图和剖视的分界线
虚线	- - - - - -	$0.5d$	不可见轮廓线 不可见过渡线
细点画线	—— · ——	$0.5d$	轴线 对称中心线 轨迹线 节圆及节线
粗点画线	——·——·—	d	有特殊要求的线或表面的表示线
双点画线	——— · · ———	$0.5d$	相邻辅助零件的轮廓线 极限位置的轮廓线 坯料的轮廓线或毛坯图中制成品的轮廓线 假想投影轮廓线 试验或工艺用结构（成品上不存在）的轮廓线 中断线

线素长度　　　　　　　　　　　表3-5

线素	线型No.	长度
点	04～07，10～15	≤0.5d
短间隔	02，04～15	3d
短画	08，09	6d
画	02，03，10～15	12d
长画	04～06，08，09	24d
间隔	03	18d

4．图线画法

绘制图线时应注意以下问题：

1）同一图样中同类图线的线宽应一致。

2）虚线、点画线、双点画线的线段、短画长度和间隔应各自大致相等。

3）绘制圆的中心线时，圆心应为点画线线段的交点。点画线的首末两端应为线段而不是点，且超出圆弧 2 ~ 3mm，不可任意延长。图 3-4 为图线画法示例。

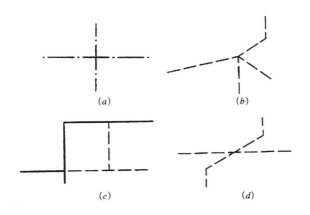

(a)   (b)

(c)   (d)

图 3-4   图线相交的画法

3.3   制图方法和步骤

3.3.1   平面图、顶平面的绘制

1. 平面图识图（图 3-5）

图 3-5

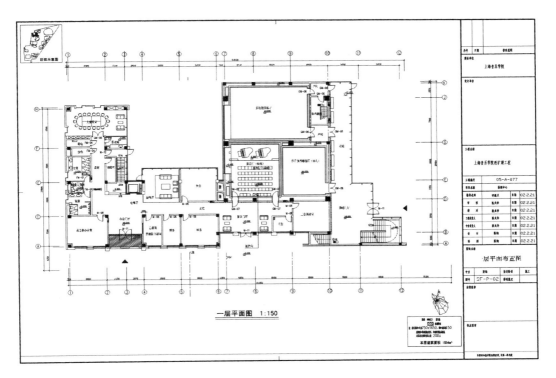

一层平面图 1:150

1）从图纸名称可得知图纸的内容和比例，如一层平面图或二层平面图等。

2）通过指北针可以得知建筑物的朝向。若图纸上未标有指北针，则默认为上北下南。

3）图样中粗实线表示的是剖到的墙体。通过观察不难发现室内的空间分割情况：共有几间房间、房间的名称和用途以及它们之间的联系等。

4）通过轴线可以得知承重墙（结构的一部分）的位置以及墙体的间距。

5）门窗的表示方法。

6）尺寸的标注分三个层次，并和轴线相结合。从内及外：第一道尺寸标注的是门窗的洞口尺寸和窗间墙的尺寸，第二道尺寸标注的是轴线间距，第三道尺寸是建筑的外包尺寸（即外墙到外墙的尺寸）。

7）内部尺寸所标注的内容主要是门洞、窗洞、孔洞、墙体厚度以及各种固定设施（洁具、操作台等）的大小和相对位置。室内平面图中还包括固定家具的尺寸以及相对位置。

8）根据标高符号所标注的内容，可得知地平的高差情况。

2.顶平面图识图（图3-6）

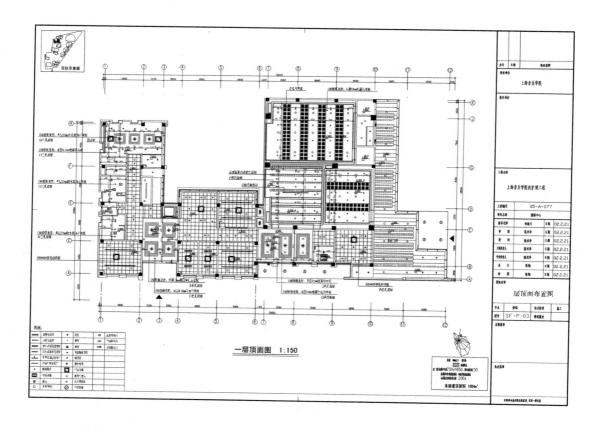

一层顶面图 1:150

1）顶平面图需和平面图对应起来读解。有很多信息平面图中已做了说明，图3-6 在顶平面图中就不必重复说明，如门窗位置等。

2）墙体位置对于吊顶上各种设备的相对位置的标注很有作用，因此，轴间尺寸是有必要说明的。

3）内部尺寸和标高的标注是工作的重点。

3．画图步骤

1）先打铅笔稿，然后上墨线。

（1）定位轴线（图3—7）。

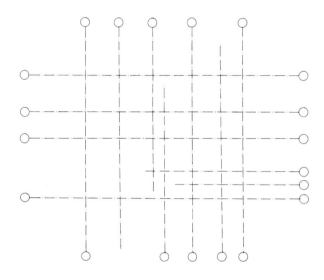

图3—7

（2）细线绘制墙体（图3—8）。

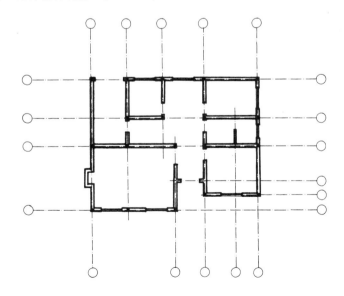

图3—8

（3）确定门窗位置。

（4）绘制其他构配件构造。

（5）绘制尺寸线（图 3-9）。

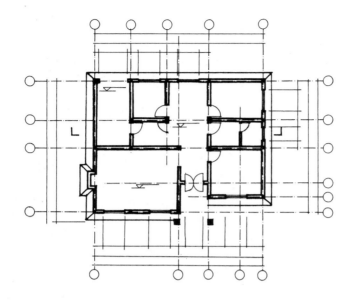

图 3-9

（6）加粗剖断面。

（7）标写尺寸、标高等。

（8）标写文字说明。

（9）确定切剖方向，并注明位置（图 3-10）。

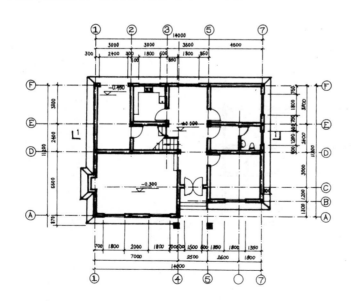

图 3-10

2）上墨线的方法：

（1）细实线：在起好的图稿上，依照先水平线、从上至下，后垂直线、从左及右的原则将图稿描绘一遍，包括尺寸线、轴线符号等。

（2）实线：加粗剖断面、绘制剖切符号和尺寸起止符号。

（3）尺寸与文字：尺寸要一道一道地标写。标写水平尺寸时，模板应放置丁字尺上沿，保持丁字尺不动，模板水平移动。标写垂直尺寸时，保持丁字尺和三角板不动，模板沿三角尺上下移动。

3.3.2 立面的绘制

1．识图（图3-11）

图3-11

1）通过图名、轴线可得知该立面与平面的确切关系（及具体方位）。

2）结合其他立面图、平面图可得知建筑物具体的造型，如屋面的造型、雨篷、挑台等的形式。

3）通过标高数字可得知窗户的高度、门的高度以及其他构件的高度，如阳台、屋檐等。

4）通过文字说明可了解到建筑的外墙装饰。立面的比例一般与平面相同。立面一般只标注标高，不标注尺寸。

2．画图步骤

1）先画铅笔稿，然后上墨线。

（1）绘制定位轴线（图3-12）。

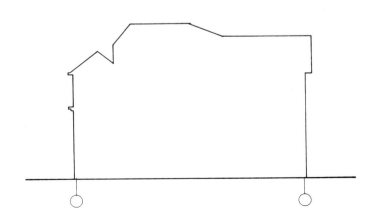

图3-12

（2）细线绘制房子的轮廓、层高线，并确定门窗位置和确定门窗高度（图3—13）。

图 3—13

（3）细化建筑轮廓与门窗（图 3—14）。

图 3—14

（4）用不同的粗线区别物体的轮廓线，以示前后关系。
（5）绘制标高符号、标注文字说明（图 3—15）。

图 3—15

2）上墨线的方法基本同上。

3．尺寸标注及相关符号（标高符号、阴角符号）

标高细实线绘制，由一个45°直角三角形和引出线组成。单位为m，精确到小数点后3位数。一般以一层室内地平为基面，即±0.000，往上为正、往下为负。正号不标写、负号需标写。

3.3.3 剖立面的绘制

1．识图（图3-16）

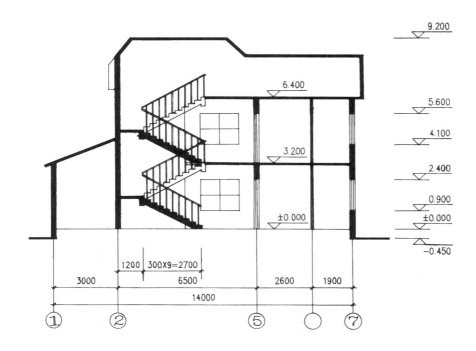

图3-16

结合平面图、定位轴线可得知该剖面所在位置和剖切方向。通过观察可得知

1）房屋的各层层高以及屋顶形式。

2）房屋的大致结构形式，梁的位置、高度，楼板厚度等。

3）门窗的高度以及与构造的关系。

4）楼梯的构造。

5）室内外高差。

2．画图步骤

1）先画铅笔稿，然后上墨线。

（1）绘制定位轴线。

（2）细线绘制轮廓和层高（图3-17）。

（3）确定门窗与剖切线（图3-18）。

（4）细化门窗、楼梯等（图3-19）。

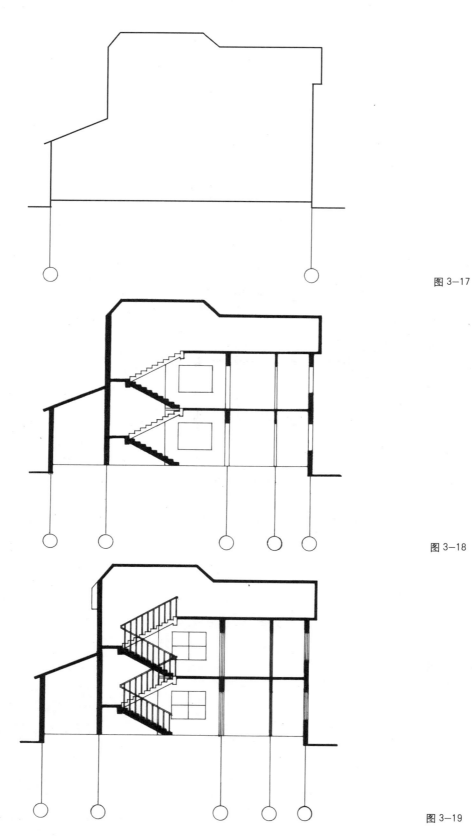

图 3-17

图 3-18

图 3-19

(5) 标准尺寸标高（图 3—20）。

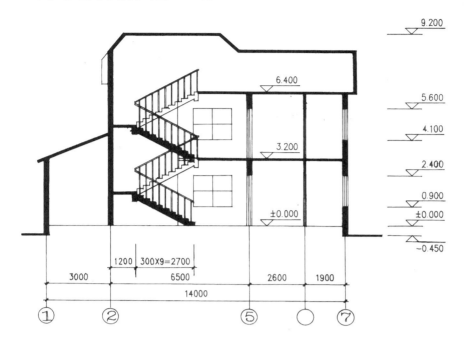

图 3—20

(6) 文字说明。

2）上墨线方法基本同上。

3．尺寸标注及相关符号（轴线号、标高、索引符号等）

剖面的尺寸分为两种：一是尺寸线，只标注纵向的尺寸；二是标高，主要用于标注层高、梁高、檐口、房顶等。

3.4 建筑配景的形式与画法

在建筑图纸中配景的作用非常重要，因此配景的抄绘练习也是必不可少的一个学习环节。

3.4.1 人物（图 3—21～图 3—23）

图 3—21 常用的几种
快速表达的
人物

图 3-22 人物快速表达
的分解画法

图 3-23 各种身份及
形态的人物

3.4.2 交通工具

1. 汽车（图 3-24～图 3-26）

图 3-24 正面画法分
解图

图 3-25 背面画法分
解图

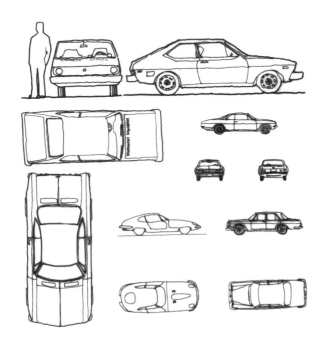

图 3-26 汽车的平面
与立面表达

2. 飞机 (图 3-27)

图 3-27 客机与直升机

3. 船（图 3—28）

图 3—28　帆船与游艇

4. 非机动车（图 3—29）

图 3—29　摩托车与自
行车

3.4.3　植物
1. 平面植物（图 3—30 ～ 图 3—33）

图 3—30 乔木的平面
（左）

图 3—31 热带树种的
平面表达
（右）

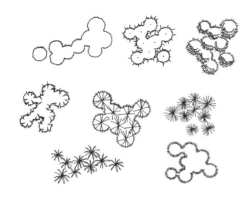

图 3—32 灌木丛的平
面表达（左）

图 3—33 绿篱的平面
表达（右）

2．立面植物（图 3—34～图 3—36）

图 3—34 阔叶树的立
面表达

图 3-35 热带树与针叶树的立面表达

图 3-36 灌木的立面表达

3.4.4 家具与陈设的形式与画法

1. 家具的形式与画法

1）椅子（图 3-37）

图 3-37 椅子的画法（彩铅表现）学生作业谢玛丽

2) 桌子（图 3—38）

图 3—38 餐桌椅（彩
铅表现）
学生作业
谢玛丽

3) 茶几（图 3—39）

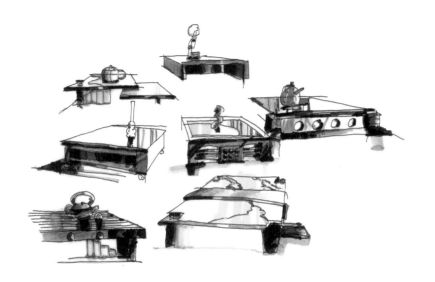

图 3—39 各式茶几（马
克笔表现）
学生作业
奚春妹

4) 床（图 3—40）

图 3—40 床（彩铅表
现）
学生作业
陶晨

5）橱柜（图 3—41）

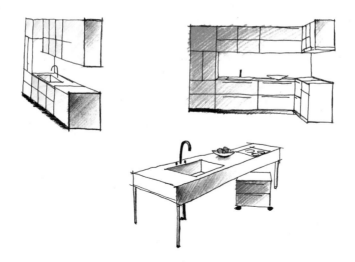

图 3—41 橱柜（彩铅
　　　　表现）
　　　　学生作业
　　　　陶晨

6）卫浴（图 3—42 ～图 3—44）

图 3—42 洗脸盆（彩
　　　　铅结合马克
　　　　笔表现）
　　　　学生作业
　　　　谢玛丽

图 3—43 浴缸（彩铅
　　　　表现）
　　　　学生作业
　　　　谢玛丽

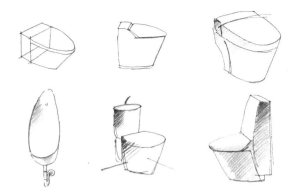

图 3-44 坐便器（彩
　　　　铅表现）
　　　　学生作业
　　　　谢玛丽

2. 陈设的形式与画法

1）窗帘（图 3-45）

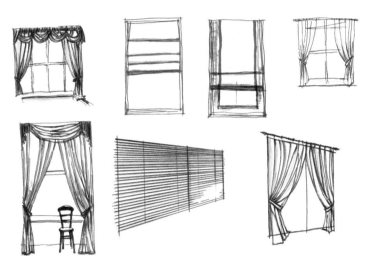

图 3-45 各种形式的
　　　　窗帘（彩铅
　　　　结合马克笔
　　　　表现）
　　　　学生作业
　　　　陶晨

2）灯具（图 3-46 ～图 3-48）

图 3-46 落地灯（马
　　　　克笔表现）
　　　　（左）
图 3-47 台灯（马克
　　　　笔表现）（右）

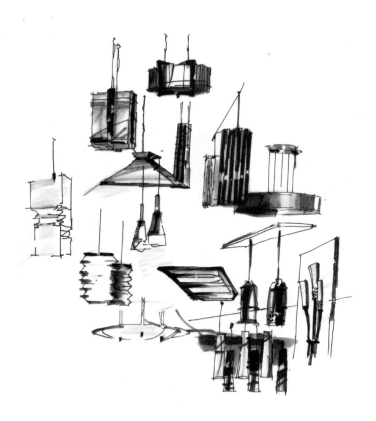

图 3-48 吊灯（马克
笔表现）
学生作业
陶晨

3）室内陈设（图 3-49、图 3-50）

图 3-49 装饰画（马
克笔表现）
学生作业
奚春妹

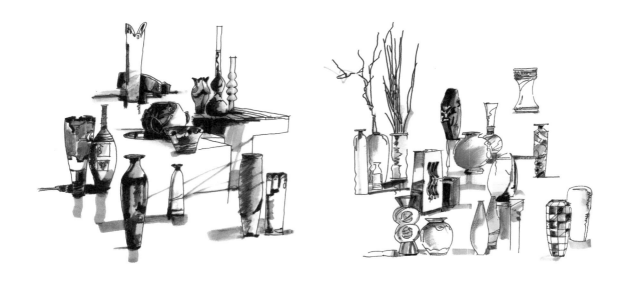

图 3-50 花瓶、花器
（马克笔表
现）
学生作业
奚春妹

3.5 彩铅表现技法

在开始绘制彩铅画效果图之前，初学者可先练习运用彩铅描摹一张色彩丰富的图画，借此熟悉运用彩铅的力度和技巧。彩铅的表现要点主要有：

1. 多层调子叠加时，每组调子应适当转换方向，防止线条密集叠加后纸面变光滑，不再吸附色彩。

2. 在同一张效果图中彩铅的笔触不能方向过多，使画面显得凌乱。

3. 彩铅作画需要一定的力度，若力度不够，则画面的色彩会不饱和，整体效果也会显得寡淡。

在实际绘制过程中，彩色铅笔往往与其他工具配合使用，如与钢笔线条结合，利用钢笔线条勾画空间轮廓、物体轮廓，运用彩色铅笔着色（图 3-51、图 3-52）。

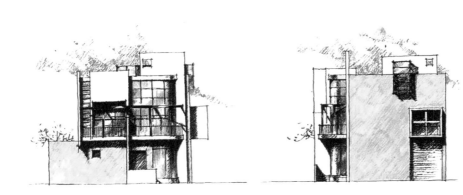

图 3-51

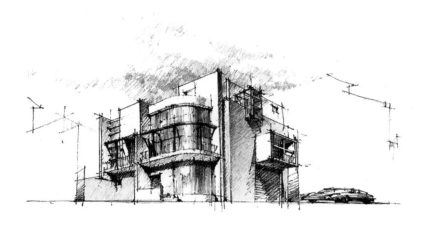

图 3-52

　　彩铅也可与马克笔结合，运用马克笔铺设画面大色调，再用彩铅叠彩法深入刻画（图 3-53、图 3-54）。

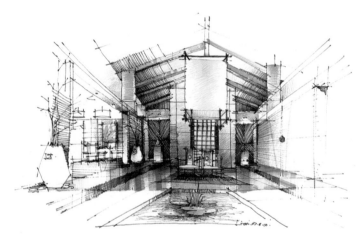

图 3-53

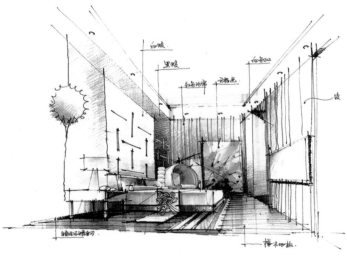

图 3-54

3.6 马克笔表现技法

3.6.1 马克笔的作画步骤与基本技法

1. 准备工作

1）画纸：通常用两种，一种是普通的复印纸，用来起稿画草图；另一种是硫酸纸，用来描正稿和上色。普通复印纸适宜用水性马克笔作画，而硫酸纸则适宜用油性马克笔作画。

2）笔：也需要两类，针管笔和马克笔。针管笔以一次性的为好，备几种型号如 0.1、0.3、0.5 和 0.8，有了粗细线的变化画面才会丰富。马克笔以油性为好，作为专业表现，颜色至少六十种以上，做室内表现的灰色系列和褐色系列要全，做景观的绿色系列要全。

2. 绘制草图

草图阶段主要解决两个问题：构图和色调。

1）构图是一幅渲染图成功的基础。这个阶段需要注意的有透视，确定主体，形成趣味中心，各物体之间的比例关系，还有配景和主体的比重等，有些复杂的空间甚至需要借助 CAD 来拉出透视，尽量做到准确。

2）色调练习对初学者来说相当有必要，可以锻炼色彩感觉，提高整体的概念。把勾好的草图复印几个小样，快速上完颜色，每幅都应有区分，或冷调，或暖调，或亮调，或灰调，不抠细节，挑出最有感染力的一幅作正稿时的参考。

3. 绘制正稿

在这一阶段主要是把混淆不清的线条区分开来，形成一幅主次分明，趣味性强的钢笔画。

1）通常可以从主体入手，用 0.5 的针管笔勾勒轮廓线，用笔尽量流畅，一气呵成，切忌对线条反复描摹，然后用 0.3 的笔画前景的树和人物，最后用 0.1 的画远景。

2）从前往后画，避免不同的物体轮廓线交叉，在这个过程中边勾边上明暗调子，逐渐形成整体，中景对比最强，前景对比次之，背景对比最弱。

4. 上色

上色是最关键的一步。

1）把大部分的颜色上在硫酸纸的背面，这样做一是可以降低马克笔的彩度,过于鲜艳的颜色可能使画面过"火",大面积的灰色才能使渲染图经久耐看，另外，背面上色也不会把正稿的墨线洇开，造成画面的脏乱。

2）掌握基本的原则是由浅入深，在作画过程中时刻把整体放在第一位，不要对局部过度着迷，忽略整体，"过犹不及"应该牢记。

3）上色过程重要的是画关系，明暗关系，冷暖关系，虚实关系，这些才是主宰画面的灵魂，对比是画准这些关系的最好手段。

4）上色的过程也是经验积累的过程，哪些颜色叠加到一起能产生好的效果都要记住，随时做记录，以便下次画相同的场景时驾轻就熟，事半功倍。

　　5．调整

　　这个阶段主要对局部做些修改，统一色调，对物体的质感做深入刻画。到这一步需要彩铅的介入，作为对马克笔的补充。

3.6.2　基本的材质表现

　　在运用马克笔作画时，掌握一些基本的材质表现对于绘制马克笔建筑画很有帮助。

　　1．木材

　　先用钢笔勾出木纹，然后选择较重的马克笔颜色画出基本纹理，在深色还未干时用浅色马克笔使深浅色相溶，特别注意笔触的走向，一般应该顺着木纹（图3-55）。

　　2．玻璃

　　在表现玻璃时，首先要注意亮部和暗部的对比。另外对于玻璃的反射的表现也很重要，在表现玻璃时要对于周围配景给予重点的表现（图3-56）。

图3-55

　　3．水面

　　对于水面的表现，要突出水面的灵动，尤其要突出倒影的表现。表现水面的倒影与表现玻璃的倒影不同，水面的倒影是随着水波的变化而略带抖动的。另外在表现水面时应该用较重的色调打底，这样才能衬托出一些水面的亮部（图3-57）。

　　4．阴影

　　在表现阴影时，马克笔往往会用得比较重，这样能形成比较强烈的明暗对比。对于表现晴朗天气时，效果比较好。如果要表现阴天的话，阴影的形状

图3-56

图 3-57

可以虚一点。在画阴影时特别要注意不同形状的物体投射在地面上的阴影形状。在色彩选择上，阴影的颜色可选用黑色或者偏冷色的深灰色（图 3-58）。

图 3-58

5. 植物

　　用黄绿色马克笔画出阳光照亮部分，橄榄绿画出阴影部分，用两种颜色中间色调的绿色刷淡两种颜色的交界，用褐色马克画出树干、枯叶（图 3-59、图 3-60）

图 3-59（左）
图 3-60（右）

3.6.3　在建筑表现图上的运用

　　首先，用流畅较粗的线条画出基本的构图。然后把各种细部元素明确，可用重复的线条确定各空间的边界。接着确定光源，根据光源画出阴影。这样的过程可能需要在多张硫酸纸上重复多次，直到最后确定黑白线稿（图 3-61）。

　　把最终的完成的版本复制到质量较好的绘图纸上，尽量去除打草稿时画的一些多余的线。选择适合的马克笔颜色上色。上色的顺序是大面积的如地面、水面、树、天空先上。然后选择同色系的较重的颜色上阴影产生三维的效果。最后把诸如建筑屋顶等重要部位提亮，产生层次感（图 3-62）。

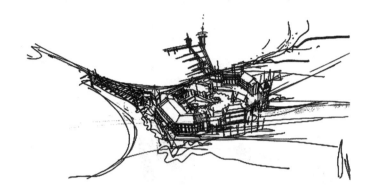

图 3-61

图 3-62

3.6.4　室内表现图上的运用（图 3-63 ～图 3-65）

图 3-63　马克笔在表现室内不同家具材质的效果

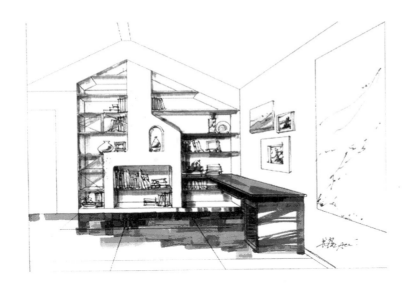

图 3-64 在室内表现时可以适当留白，只在关键部位进行重点表现

图 3-65 根据画面表现的商场热闹的氛围，增加一些鲜艳小色块能起到很好的效果

3.6.5 在景观表现图上的运用

先建立地平线，确定灭点。根据透视关系，大概确定主要物体的位置，从灭点拉出透视消失线。用比较松的线条快速画出基本形象。选择一个垂直的平面（比如，画面左面的建筑）作为画面的参考比例尺。在这一过程中要多尝试几种构图以取得最理想的透视效果（图 3-66）。

然后，加入一些尺度的参照物比如人物、车辆、灯柱等以获得正确的比例及体量感。用这些参照物来测试空间和投影的正确性。删除不正确的元素，补充一些细节。增加的细节可以使画面更接近真实。通过绘制阴影来增加地面的稳定感，并且局部上些淡彩来检验这些光影关系（图 3-67）。

图 3—66

图 3—67

最后用马克笔来刻画细部。只有细节层次变化较多，绘制细致，才能出现比较好的画面效果。

3.7　作业5——建筑图纸抄绘练习

3.7.1　作业要求

绘图笔绘于 360mm × 500mm 白卡纸上，选取一个单体小建筑的设计图，用尺规作图的方法绘制其平面与立面。

3.7.2　评分标准

建筑图纸抄绘评分标准（总分100分）				
序号	阶段	总分	分数控制体系	分项分值
1	图纸规范	40	图纸符合制图规范	20
2			标注准确，符合规范	10
3			文字工整	10

建筑图纸抄绘评分标准（总分100分）

序号	阶段	总分	分数控制体系	分项分值
4			线条流畅	15
5	墨线表达	40	尺规使用得当	15
6			线型分配合理，粗细线表达效果好	10
7			图面整洁干净	5
8	整体效果	20	细部刻画深入	5
9			整体视觉效果好	10
	总计	100		100

3.7.3 范例与评语：（图3-68）

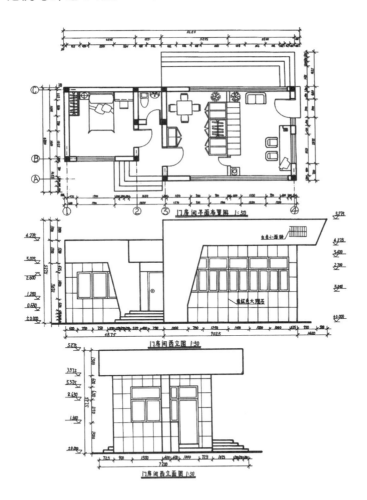

图3-68 学生作业
秦春华

评语：该生作业图稿定位准确，线条清晰顺滑，标注精确，图面整洁，粗细线运用较为恰当；标注文字仿宋字体不够标准，版面布局过于拥挤，影响整体效果。

3.8 作业6——室内设计图纸抄绘练习

3.8.1 作业要求

绘图笔绘于 A3 白纸上,选取一套室内空间设计图,徒手绘制其平面、顶面、立面,后用彩色铅笔或马克笔上色。

3.8.2 评分标准

室内设计图纸抄绘评分标准（总分100分）				
序号	阶段	总分	分数控制体系	分项分值
1	图纸规范	30	图纸符合制图规范	10
2			标注准确,符合规范	10
3			文字工整	10
4	墨线表达	20	线条流畅	10
5			十字交线出头	5
6			粗细线表达恰当	5
7	色彩表达	30	彩铅或马克笔线条肯定、清晰	10
8			色彩整体感强	10
9			材质色彩表达准确	10
10	整体效果	20	图面整洁干净	5
11			细部刻画深入	5
12			整体视觉效果好	10
	总计	100		100

3.8.3 范例与评语（图3-69～图3-71,学生作业 张雁斐）

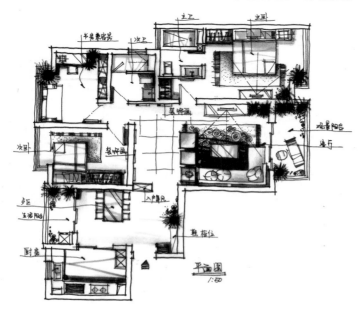

图3-69

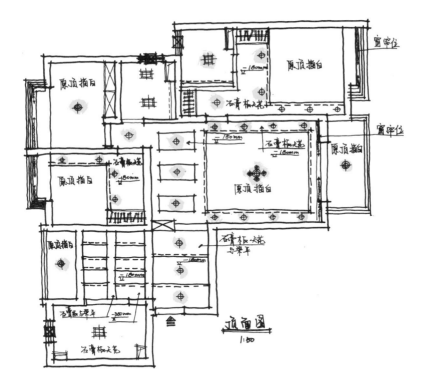

图 3—70

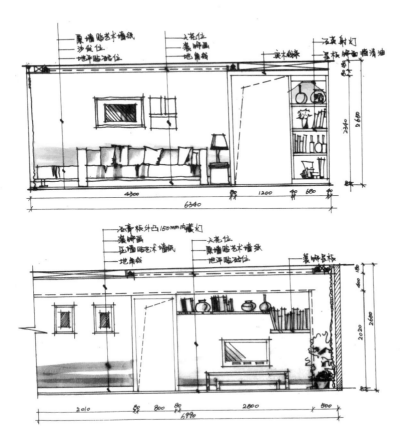

图 3—71

评语：该生徒手抄绘的这套室内设计图纸，墨线线条流畅老练，线头十字交叉出头，尺寸与文字标注较规范，粗细线表达效果也较好。采用马克笔与彩铅相结合的方法上色，图面显得干净又不失重点，视觉效果突出。

3.9 作业7——室内效果图抄绘练习

3.9.1 作业要求

绘图笔绘于 A3 白纸上，选取一张室内效果图，上墨线后用彩色铅笔或马克笔上色。

3.9.2 评分标准

序号	阶段	总分	分数控制体系	分项分值
	室内效果图抄绘评分标准（总分100分）			
1	透视表达	30	透视关系准确	10
2			焦点重心突出	10
3			构图具有美感	10
4	墨线表达	20	线条流畅	10
5			粗细线表达恰当	5
6			明暗关系效果好	5
7	色彩表达	30	马克笔线条肯定、清晰	10
8			色彩整体感强	10
9			材质色彩表达准确	10
10	整体效果	20	图面整洁干净	5
11			细部刻画深入	5
12			整体视觉效果好	10
	总计	100		100

3.9.3 范例与评语（图 3-72、图 3-73）

图 3-72　学生作业
杨璐

图 3–73　学生作业
叶森宁

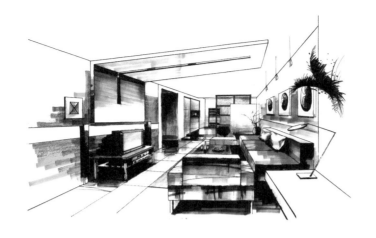

评语：

图 3–72：对图面重点把握得较好，中心焦点的效果突出，留白处理恰到好处；马克笔排线不够清晰，地板颜色过于浓重。

图 3–73：作业空间进深的透视效果表达较好，线条肯定而流畅，图面色彩以灰调为主，但是质感的表现力度还嫌不够。

模块四　空间测绘

教学目的：掌握空间测量的工具使用、基本方法、步骤；

掌握根据测量数据绘制标准图纸的能力；

对材料与结构有一定的了解；

掌握图纸中各类线条、符号等与现实空间组成部分的对应关系；

了解图纸的虚拟空间到现实的真实空间之间的转化。

所需理论：见第 4 章

作业形式：测量结果绘于白卡纸上

作业内容：测绘简单的建筑空间

所需课时：4

评分体系：见第 4 章

作业 8　某小型三层建筑测绘练习

作业要求：测绘建筑并绘于 A3 白纸上，要求有底层平面和正立面，并标清尺寸及标高

训练学时：12 ~ 16

范例与评语：见第 4 章

4

第 4 章　空间测绘

4.1 空间测绘的意义和内容

4.1.1 综述

空间测绘是指对某一建筑物（可能具有一定历史或文化价值）进行详细观察分析，并准确地测绘其平面、立面、剖面及其结构与装饰细部，学习建筑的技术和艺术处理手法，学习他人设计方法的一项工作。

空间测绘是综合运用各门基础课和专业基础课知识的实践环节。通过空间测绘培养专业实践技能，提高专业理论水平，增强专业研究和社会调查实践能力，为高年级专业课程的学习奠定坚实的基础。同时，学生可进一步体验图样与实物的相互关系，提高建筑表现技能。

本章所指的测绘是简单测绘，应归于"法式测绘"的范畴，它不同于精密测绘。顾名思义，精密测绘对精度的要求非常高，是只在建筑物需要落架大修或迁建时才进行的测绘，其测量时需要搭"满堂架"，需要的人力、物力、时间都比较多，但是在实际工作中使用很少。

"法式测绘"是指传统的历史建筑测绘方式，即通过简单的铅垂线、皮尺、竹竿或者使用经纬仪、水准仪、全站仪来获取建筑构件的二维投影尺寸，然后以一系列图样予以表达，图样基本上是二维的平面图、立面图、剖面图和依然是绘于二维图纸上的轴测图、透视图。在图样绘制过程中，会根据建筑的建造规律对实际测量数据进行简化和归纳，绘制出由现状得出的建筑设计图。在完成的图样上，建筑的一些实际偏差如变形、缺损、加工差异等被人为纠正（即按照《营造法式》绘制理想状态的建筑图）。这种测绘较简单易行，可借助辅助测量工具而不需搭架就可以进行，所需的人力、物力、时间都相对精密测绘少得多，在实际工作中使用也最多。

4.1.2 空间测绘的用途

1. 如进行古建筑测绘，可以提高学生认识建筑的能力，使学生了解古代和近现代建筑的基本特征和设计方法，从感性和理性上加深对建筑空间的认识，正确理解建筑文化的地域性、时代性、民族性，从建筑理论上树立正确的建筑创作观。

2. 提高学生分析问题、解决问题的能力，使学生对建筑文化有新认识，并能将对地方传统文化的思考有效地运用于建筑创作中。

3. 培养团结协作的团队精神。一个测绘项目的完成需要多人的配合，在测绘的过程中，相互协作，互相配合，各司其职，将会对培养学生的团队精神起到积极的作用。

4. 通过教学使学生掌握建筑研究的基本内容和方法，提高学生对建筑的兴趣，提高学生的综合素质，提高学生观察和体验建筑的兴趣和水平。

5. 培养学生对物体的感性认识，加强对空间的敏锐感。具体来说就是通过对物体的观察，培养观察和理解能力，将看到的三维物体用二维线条表现在图纸上，培养了抽象能力，现场绘制测绘图纸，可以培养手绘能力。

6. 可以提高目测的准确性，在进行测绘前可先用目测估算物体的尺度，再借助工具去测量，慢慢地培养尺度概念。同时积累一定的经验，从而熟悉同类型物体的尺度。

7. 可以了解物体的设计构思，从而为今后的设计积累相关的素材。

8. 可以了解物体的结构关系，从而了解其施工工艺和施工技术。

9. 提高学生的图纸表达能力，提高综合运用所学的画法几何、测量学、建筑制图、建筑设计基础、建筑历史、计算机辅助设计等课程知识的技能，提高建筑表达能力和审美能力。

建筑测绘中对古建筑的测绘，其主要的目的就是为古建筑创建一套完整的图纸，用来弥补因为时间的流逝而造成的原先图纸的遗失或者缺失，同时，也能对原先保留的图纸起到一个修订的作用。

4.1.3 空间测绘的内容

空间测绘一般包括以下内容：

1. 建筑群的总平面图——这是对非单体建筑，如有院墙、花坛、场地、道路等构筑物的建筑及其周边环境而言的。测绘总平面图应该准确地表现出各单体建筑之间的相对位置和间距，使其总体布局和环境一目了然。

2. 单体建筑的各层平面——这一项内容的测绘相对容易。对于大部分的建筑而言一般只需皮卷尺、钢卷尺、卡尺或软尺就可以测出所有单体建筑的平面图。测绘平面时最重要的是先确定轴线尺寸，之后单体建筑的一切控制尺寸都应以此为根据。确定轴线尺寸后，再依次确定台阶、室内外地面铺装、山墙、门窗等的位置。

3. 单体建筑的各立面——因为没有搭架，无法上到建筑物上用皮卷尺测量高度，所以这一类立面图都必须借助辅助工具进行测量。粗略测量时，可以仅借助竹竿和皮卷尺、人字梯等工具测出高度，也可根据其中一种材料的规格和数量，目测推算此种材料覆盖面的总距离。测出各点高度后，各个立面图就可以确定了。

4. 单体建筑的剖面——测量方法与测绘立面图的原理一样。不同的是剖面图要更清晰地表达出各层之间的构造关系。

5. 屋顶平面图——包括女儿墙的位置和高度、局部出屋面部分（如楼梯间和设备房）的墙体、门窗位置及尺寸、屋面的构造方式等。

6. 大样图——包括各种楼梯、线脚、山花等装饰细部的大样。

4.2 空间测绘的步骤

4.2.1 分组

以 5 ～ 6 人为一个小组，1 人为组长，组长负责本组人员分工，至少应分成以下几个工种：跑尺和记数（兼绘制草图）。

4.2.2 工具准备

测绘涉及的工具种类不是很多，而且绝大部分都是我们之前接触过的工具，因此使用起来会相对得简单一点。

图 4-1 钢卷尺

1. 铅笔、钢笔或者是针管笔。

2. 画板：不宜太大，A4 即可。

3. 纸：素描纸等。

4. 速写本：比较推荐使用，速写本的封面比较硬，A4 纸张的大小比较适合，就省去了带图板的麻烦。

5. 胶带或图钉：起固定图纸的作用，胶带还能用做修改工具。

6. 橡皮：修改工具。

7. 卷尺：测量工具，用于人尺寸的测量，建筑、室内测绘时常用。有皮尺、钢卷尺等种类（图 4-1）。

8. 游标卡尺：测量工具，用于精密尺寸的测量，零件测绘时常用。

9. 人字梯：辅助工具，便于较高部位的测量。

10. 长木棍：辅助测量工具，可用于确定建筑的高度。卷尺在垂直方向的拉伸长度是有限的，这时我们就可以借助长木棍来确定建筑的高度。选择一个靠墙面，将长木棍的一头顶住屋顶，在墙上标示长木棍另一头所在的位置，再用卷尺量取余下的长度，将量取得到的尺寸加上长木棍的尺寸即可得出建筑的高度。

4.2.3 熟悉对象建筑

认真仔细地观察测绘空间，在脑海中形成其整体空间形象，了解需测绘建筑的外观造型、立面、内部房间组成、构造、与周围的环境协调等，获得对即将测绘建筑的观感认识。

待测建筑以图 4-2 所示为例。

图 4-2

4.2.4 画草图

　　根据观察所得绘制出该空间的底层平面草图，并在平面图上标注出墙、柱子、门、窗等的大概位置。以平面图为参照，绘制出主要立面上开门、开窗等的大概位置。在草图纸或者速写本上将测绘对象的平、立、剖面逐一给出，要求注意各图样的比例关系（图 4-2 ~ 图 4-4）。同时，一些建筑细部也要求给出。

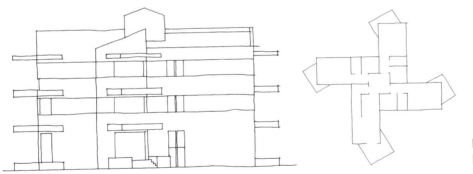

图 4-3 （左）
图 4-4 （右）

4.2.5 初测尺寸

　　1. 按照分工，借助卷尺、直尺等工具对空间进行具体的尺寸的测绘，依照从整体到局部的原则，逐一对建筑物进行测绘（图 4-5 ~ 图 4-7）。

　　2. 马上把相应的尺寸写在之前标注的草图上（图 4-6、图 4-7）。

图 4—5

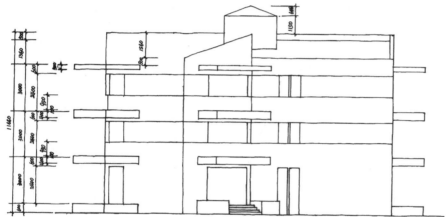

图 4—6

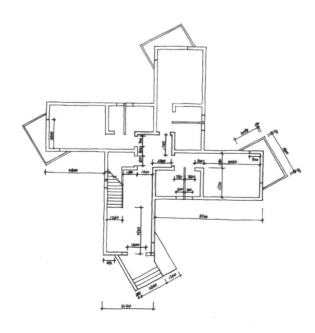

图 4—7

4.2.6　尺寸调整

草图完成后所要考虑的问题：

1. 尺寸是否符合模数协调标准？所测建筑在施工时所依据的图纸尺寸一般应是符合模数的，但由于误差及粉刷层的原因，所测量得到的尺寸并不是那样的理想，这就需要对测得的尺寸进行处理和调整，使之符合模数标准。调整的原则是尺寸就近取整，如 1841mm 就应该被调整为 1800mm。

2. 尺寸是否前后矛盾？误差是否较大？检查各分部尺寸之和是否与轴线尺寸相符？各轴线尺寸之和是否与总轴线尺寸相等？如果不相等，则需要返回上一步检查，看看是否有尺寸调整得过大或者过小。

3. 有无漏测之尺寸？

4.2.7　补测尺寸

为了防止测绘中的失误，测绘完成后将各边的小尺寸相加，看是否与该边的总尺寸相符合，如果不同，可以在现场重新校对尺寸不符的部分，保证了图纸的准确性。

在初次的测绘过程中不可避免会有一些尺寸没有测到，在这一阶段中将之补充完整。另外，有些细部尺寸由于考虑欠周而没有测量的，也应该在这次的补测中加以测量，并绘制相关的测绘草图。在前一步的调整过程中，过于矛盾的某些尺寸也可以在这一次的补测中加以复核，以便找出问题之所在。

4.2.8　画正图

可依照测绘所得的草图进行正规的图纸的绘制。各个图样的画法及步骤如前文建筑设计施工图画法中所述，此处不再重复。不要求一种图样一张图纸，可以对各种图样进行综合布图；在布局的过程中应注意构图的均衡与完整；每套图纸应有大标题以及图纸编号。

一般来说，作为学生作业的测绘图纸可以按照建筑方案图纸的要求，包含以下图样：总平面图、各层平面图、各立面图、剖面图等，按不同课程时间选择其中重要部分图纸绘制。图 4-8 ～图 4-13 所示为学生测绘作业实例。

图 4-8

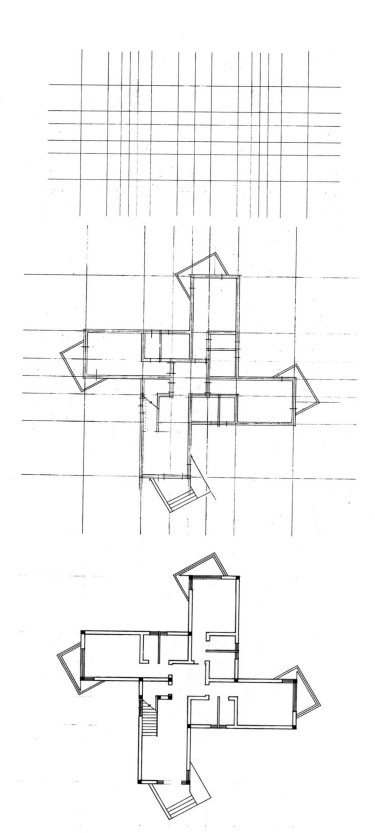

图 4-9　第一步：绘
制轴线

图 4-10　第二步：墙
线底稿

图 4-11　第三步：墙
线墨线

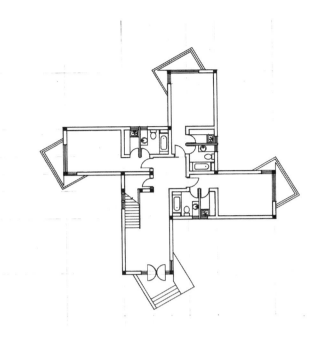

图 4-12 第四步：墨
线细节

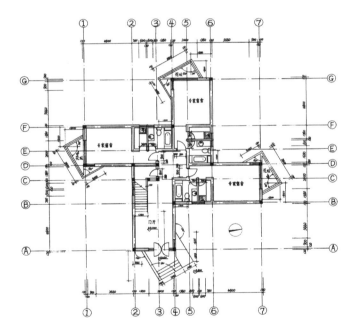

图 4-13 第五步：完
成图纸

4.3 作业 8——某小型三层建筑测绘练习

4.3.1 作业要求

测绘建筑并绘于 A3 白纸上，要求有底层平面和正立面，并标清尺寸及
标高。

4.3.2 评分标准

序号	阶段	总分	分数控制体系	分项分值
			测绘练习评分标准（总分100分）	
1	测绘过程	30	准备工作充分	5
2			测绘步骤正确无误	20
3			与小组成员协同合作默契	5
4	绘图过程	40	绘图步骤正确	10
5			正确绘制平面立面	15
6			正确绘制平立面尺寸	15
7	图面表达	30	图面表达符合制图规范	15
8			图纸洁净，没有涂改和破损	15
	总计	100		100

4.3.3 范例与评语（图4-14）

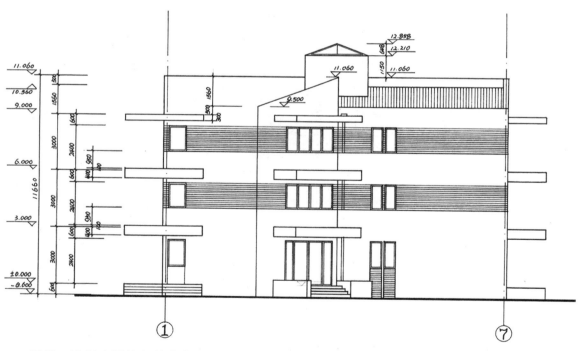

评语：该学生测绘之前准备工作充分，测绘过程步骤正确，很好地体现了团队合作精神。绘图步骤合理准确，完整准确地将测绘数据反映到了图面上，图面整洁，符合制图标准，是一个比较优秀的作业。

图4-14 学生作业 黎娟

环境艺术设计基础

第二篇　平面材质篇

模块五　平面构成

教学目的：掌握平面构成的类型、特征与绘制方法
　　　　　　培养学生平面构图与组织的能力
　　　　　　培养学生平面构图与组织能力

所需理论：见第 5 章

作业形式：尺规作图、墨线绘制，绘于白卡纸上

作业内容：点、线、面构成练习，重复、韵律练习，变化、变异练习

所需课时：12

评分体系：见第 5 章

作业 9　点、线、面构成练习

作业要求：使用绘图笔与尺规，按要求绘图于 200mm×200mm 白色卡纸上。图形简洁完整、结构紧凑、富于变化。体会点、线、面的不同视觉效果。

训练学时：8 ～ 12

范例与评语：见第 5 章

作业 10　重复、韵律练习

作业要求：使用绘图笔与尺规，按要求绘图于 200mm×200mm 白色卡纸上

训练学时：8 ～ 12

范例与评语：见第 5 章

作业 11　变化、变异练习

作业要求：使用绘图笔与尺规，按要求绘图于 200mm×200mm 白色卡纸上

训练学时：8 ～ 12

范例与评语：见第 5 章

5

第 5 章　平面构成

自设计的意识产生以来，设计就开始影响着我们的日常行为和生活，因此，设计是有目的性的和实用性的，是一种视觉美的再创造活动，它的创造目标不同于其他的艺术创作，是以人的生活需求为终极目标。

现代设计蕴涵了平面构成的结构语言，美感形式的组合规律，设计心理的传达方式，还融合了美学的原理，是一种视觉的全方位体验。概念元素、视觉元素、关系元素和实用元素一同营造出人们乐于接受并受之引导的种种现代设计作品。平面构成作为现代设计的基础理论，它研究形态的构成方法，形态间的组合方式，以及形态排列中蕴藏的形式规则。作为训练设计思维的基础方法，它打破了传统绘画的具象的描写手段，旨在培养学生们对形态的敏感性和再创造的能力。

5.1　平面与构成

5.1.1　平面与构成的概念

平面，是指具有长度和宽度，不具备凸度或凹度的，平展的空间范围和形态。

构成，是构造、组成的概念，即将设计元素按照创意主题进行有意识的安排与组合，使之符合主题需要的视觉和表达的设计手段。构，是一种构想与创造的活动；成，可以理解为构造手段和方法。构成可分为平面构成、立体构成和色彩构成三大构成。这三大构成包含了对形、体、色的各种最初的组合基本规律的初步尝试性的探索，通过对形态、体量、质感、空间以及色彩等的组合表现，达到训练初学设计者的设计习惯与设计心理的目的。

平面构成主要研究的是在二维空间里设计元素的不同组合形式。二维空间，是指在空间里只具有长度和宽度的、平面的维度，是相对于不仅具有长度宽度还具有深度即厚度的三维空间而言的空间形态。立体构成是对三维世界的立体和空间的设计，是探求空间中的物体如何组合才能产生美感的奥秘。色彩构成则是寻找色彩搭配的方法，以及研究如何通过色彩的搭配来赋予人们丰富的色彩心理感受。三大构成囊括了设计的各种形式要素的组合技巧，是任何设计所必须考虑的问题。因此，人们通常把三大构成作为现代设计的基础。

平面构成又是另两大构成的基础，它包含了对点、线、面，以及它的发展形态色、光、质、图、文等各种要素组合的研究。通常我们学习平面构成的思路也是从点、线、面这些单个的视觉元素开始的，通过形式美的构图法则，用多种排列方式造就重复、律动、变异、空间等的视觉错觉，达到视觉愉悦的目的。因此，平面构成是舍弃了具体事物的形态特征以最简洁最抽象的概括的设计元素来训练形式美感的，便于更好地表达形态自身的情感力量。

5.1.2　现代设计的来源与发展

19世纪下半叶，现代设计开始追求形式与功能的统一，强调艺术的审美性，主张把艺术与技术相结合，从而引发国际新艺术运动。新艺术运动更加强调工艺、技术与艺术的和谐统一，并不断寻求形式的突破。

在德国由格罗皮乌斯创办的包豪斯是现代设计的发源地。包豪斯的教育理念是设计第一，功能第二，艺术与手工艺是一个活动的两个不同的方面，同时关注新材料新技术应用与设计，突破传统的限制。

在包豪斯成立时，格罗皮乌斯招聘了一批特殊的教员。约翰·伊顿设计了系列的以训练平面视觉敏感为中心的课程，称为"基础课"。约翰·伊顿同时也是最早引入现代色彩体系的教育家之一。保罗·克科认为"自然应该在绘画当中重新诞生"，他的一个非常重要的成果是把理论课、基础课、创作课联系起来，使学生得到最大启发。瓦西里·康定斯基建立了包豪斯最具系统的基础课程，其主要贡献在于分析绘画的色彩和形体的理论研究。当莫霍里·纳吉来到包豪斯以后，把强烈社会性的设计观念灌输到教育当中，对包豪斯的发展方向的改变起到了几乎是决定性的作用。包豪斯在各种实践活动中逐步形成了自己的教育思想和教学体系。他们认为，艺术和科学一样也可以分解成基本元来研究和处理，绘画艺术就可以分解为最简单的点、线、面等形态和空间色彩的组合，形成了在设计教育中对人体工程学、美学、心理学、材料学的研究理论，这些理论对世界各地的设计教育产生重要的影响。

随着中国改革开放的发展，艺术也随之繁荣，包豪斯的设计教育思想开始被采用并得以发展，现已成为我国现代设计教学基础课程之一。

5.2 平面构成中的基本要素及空间中的形态

5.2.1 具象与抽象

在一切造型活动中，其形象有自然的（即，象形）、人工的（即，造物）。自然的如：奔马、图案中的云纹、水纹等，追求"形似"。人工的如：建筑设计、家具、服装设计等。主要目的是为了实用，也就是造物。它们是形象思维与逻辑思维二者相结合的产物。因此，它的产生是客观世界所存在的物象在人们头脑里的一种反映。这样就产生了"具象"和"抽象"的两种表现方法。

1. 具象形象

所谓具象形象是指从大自然中，通过观察、写生、吸取自然界中美的成分，加以整理、夸张、取舍和变形。在此基础上再进行分解和重新组合，使形象更加简练、完美，增强其装饰效果，而且更适于加工生产，实际上这是一种带有具体形象的初步"抽象"（图5-1、图5-2）。

2. 抽象形象

所谓抽象形象是指将形象进行大胆的夸张、变形、使之更富于装饰性，充分地体现出美的形式规律，实际上抽象形象所追求的是一种意念形象（图5-3、图5-4）。

图 5-1（左）
图 5-2（右）

图 5-3（左）
图 5-4（右）

5.2.2　平面构成的概念元素点、线、面

概念元素是不可见的，是现实中并不可能存在的抽象的意念形态，是我们思想中存在的对形体模糊的认识，如飘落的雨滴，我们根本不能肯定地描述它的形态，但所有的人都会认为雨滴是点状，雨丝是线状，雨水是大面积的片状。这种现象可以告诉我们，物质世界中的万事万物在我们习惯的思维作用下，概念性的被记忆，被表现，甚至在特定的时候会被理解和表现为点状的形态，线状的物象，面或片状的东西。

在视觉艺术的基础理论中，我们认为构成的基本元素，即设计的基本元素可以归结于点、线、面，一切设计的起点应是从点、线、面开始的。所以，研究点线面是平面构成训练的第一步，是我们研究其他视觉元素及视觉传达的起点。

1. 点

1）点的定义：从造型意义上说点必须有其形象存在才是可见的。因此，点是具有空间位置的视觉单位。它没有上下、左右的连接性与方向性。其大小决不许超越当作视觉单位"点"的限度，超越这个限度就失去了点的性质，就成为〝形〞或〝面〞了。要具体划分其差别界限，必须从它所处的具体位置的对比关系来决定（图5—5）。

图 5—5

2）点的性质和作用：从点的作用看，它是力的中心。当画面中只有一个点时，人们的视线就集中在这个点上，它具有紧张性。因此,点在画面的空间中，具有张力作用。它在人们的心理上，有一种扩张感。在装潢设计中，由于这一作用便可发挥其占据空间的效能，而点的排列，以等间隔在一条直线上，则产生线的感觉,如果在以此虚线往上下或左右方向延伸,则会产生虚面的感觉（图5—6）。

3）点的错觉

所谓〝错觉〞，就是感觉与客观事实不相一致的现象，点所处的位置，随着其色彩、明度和环境条件等变化，便会产生远近、大小等变化的错觉。如果黑地上的白点与白地上的黑点，则显白点大黑点小。因此在设计中要注意突出与减弱的安排，同一大小的点由于周围点大小的不同就使中间两个点也产生有不同大小的错觉（图5—7）。

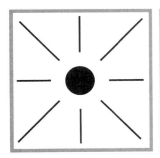

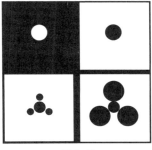

图 5—6   图 5—7

2. 线

1）线的定义：线是点进行移动的轨迹，并且是一切面的边缘和面与面的交界。从造型含意来说，它必须使我们能够看到。所以它具有位置、长度和一定的宽度（图5—8）。

（1）直线：当点的移动方向一定时为直线。

（2）曲线：当点的移动方向常变换时为曲线。

2）线的性质和种类：线比点更具有较强的感情性格，而点的移动速度支配着线的性格。如速度的快慢，决定着线的流畅程度，以及方向的变化都会使线产生各种性格，线是造型设计中不可缺少的要素。我国的绘画就是以线为主要表现形式。

（1）直线：是男性的象征，具有简单明了、直率的性格，并且表现出一种力的美（图5-9）。

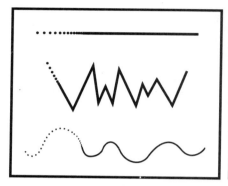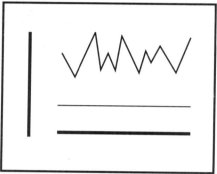

图5-8（左）
图5-9（右）

（2）几何曲线：指女性化的象征。它具有直线的简单明快和曲线的柔软运动的双重性格。它的典型表现是圆周，有着对称和秩序性的美。在设计中有组织地加以变化，可以取得较好的效果。常见的有：正圆形、扁圆形、卵圆形及涡线形等（图5-10）。

（3）自由曲线：指用圆规表现不出来的曲线。它的美主要表现在其自然的伸展，并具有圆润及弹性，因此，在设计中要注意自由曲线美的塑造。另外用徒手画出的自由曲线和直线，由于使用工具与材料的不同，如笔、纸的不同，及画者的个性不同，也会产生出众多的不同性格的线（图5-11）。

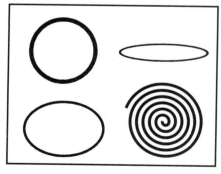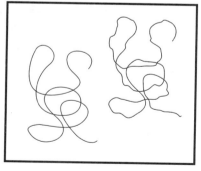

图5-10（左）
图5-11（右）

3）线的错觉：相同的线在特定的条件下，会产生不同的视觉效果，从而会给人造成不同的错视现象（图5-12）。

3. 面

1）面的定义：在几何学中的含义，面是线移动的轨迹。如垂直线平行移动为方形，直线回转移动为圆形等。另外，两个或两个以上图形的叠加或挖切，也会产生出各种不同的平面图形。面或形具有长宽二度空间，它的各种形态是设计中的重要因素（图5—13）。

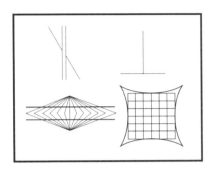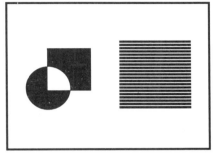

图5—12（左）
图5—13（右）

2）面的种类及其性格：平面上的形，大体可分为四类，即直线形、几何曲线形、自由曲线形和偶然形。形的不同所产生的心理效果也不相同（图5—14）。

3）图与底：一幅画面成为视觉对象的叫图，其周围的空虚处叫底。任何"形"都是由图与底两部分组成。图具有紧张、密度高、前进的感觉，并有使其突出来的性质。底，则有使形显现出来的作用。但图与底有时也可以互换。因此在设计中既要做到形的完整性，同时又要使副形（底）完善，这才能达到比较完美的效果（图5—15）。

图5—14　　　　　　　　　　　　　图5—15

4）形的错视：在特定的条件下，形也会给人造成不同的错视现象，因此，在设计中掌握和运用形的错视的原理，能收到较好的效果（图5—16）。

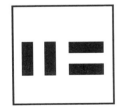

图5—16

5.3 点线面的构成法则

以点、线、面为基本形态元素，运用比较简练的基本型，采取各种骨骼和排列方法，加以构成变化，便可组成无数新的图形。如何将这些基本元素，构成一幅幅具有美的表现形式的设计作品，是需要设计者在生活中善于发现和总结那些带有美的规律性的事物与经验，从而运用到我们的设计中来。如动植物的生长结构，人体的比例关系等。

人们在生活实践中所积累和总结的美的表现形式归纳为两大类：

一类是有秩序的美。如对称、平衡、重复、群化以及带有较强韵律感的渐变、发射等构成方法（图5-17）。

另一类是打破常规的美。如对比、特异、夸张、变形等（图5-18）。

图5-17（左）
图5-18（右）

5.3.1 对称和平衡

1. 对称和平衡的性格

对称是点、线、面在上下或左右有同一部分相反复而形成的图形。它表现了力的均衡，是表现平衡的完美形态。对称，给人的感觉是有秩序、庄严肃穆，呈现一种安静平和的美。但对称也会给人以呆板、静止和单调的感觉。

由于大自然和人们的心理是不断的运动和向前发展的，因此在人的视觉需要上，也不满足于完全呆板的形式。如服装款式的不断更新，建筑设计的不断变化等。但是这种变化不是无限度的，它要根据力的重心，将其分量加以重新配置和调整，从而达到平衡的效果。使其量感达到平衡，而在形象上可有所差别。这种构成状态，较之完全对称的形式，更富有活力（图5-19、图5-20）。

2. 对称和平衡的基本形式（图5-21）

共有四种：反射（左上图），移动（右上图），回转（左下图），扩大（右下图）。

3. 点的平衡构成

自然界中的一切物体都处在运动当中，因此必须保持平衡否则便会滑落

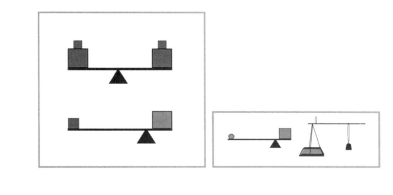

图 5-19（左）
图 5-20（右）

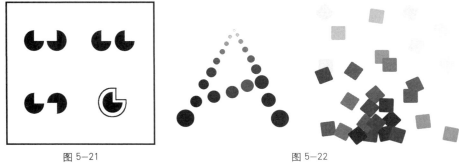

图 5-21

图 5-22

或跌倒。由于这一原因，人在视觉上就要求保持平衡状态。这是一幅好的作品最基本的因素。如果画面中有多个点或多条线构成，那么就会产生出多种关系，其表现形式有秩序性与非秩序性的构成（图5-22）。

4. 线的平衡构成

对于线的构成，平衡关系同样是一个重要的因素。解决平衡的手段，是通过线的长度、宽度以及它在画面中所形成的空间对比来完成的。多条线的平衡构成，也分为有秩序和自由构成两种。由于线具有方向性，因此可应用的线有：垂直、水平、倾斜、几何曲线、自由曲线等几种（图5-23、图5-24）。

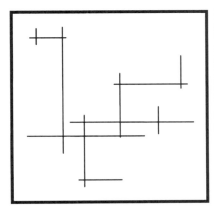

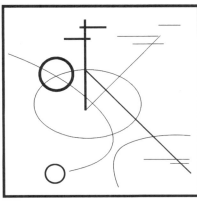

图 5-23 垂直与水平
　　　　　线（左）
图 5-24 其他线（右）

5.3.2 重复和群化

重复就是相同或近似的形象反复排列。其特征为形象的连续性，连续性即秩序性。任何事物的发展，都具有一定的秩序性，反映在人们的视觉中，便产生了一种秩序美。设计者再将其集中、夸张、更加突出了其美的效能，以此来装饰和美化人们的生活便成为艺术。形象的反复排列能产生出和谐、整齐、壮观等美的享受。我们将这一规律运用到设计中，如包装纸、壁纸、纺织品或一些设计品的底纹处理，以及建筑物中的局部装饰等，便会增强其美的效果。

另外，在形象构成上，打破其横竖重复的排列格式，组成具有独立存在的完整图形，便可构成各种标志、符号类的设计作品，这种形式为群化。群化是一种特殊的重复形式。

1. 重复骨骼

骨骼是指构成图形的骨架和格式。骨骼分为规律性与非规律性骨骼。另外，规律性骨骼又分为作用性骨骼和无作用性骨骼两种。作用性骨骼是指每个单元的基本形，必须控制在骨骼线内，在固定的空间中，按整体形象的需要去安排基本形并用相同的骨骼进行排列的方法，叫做重复骨骼。无作用性骨骼是将基本形单位安排在骨骼线的交点上，骨骼线的交点，就是基本形之间的中心距离，当形象构成完成后即将其骨骼线去掉（图5—25、图5—26）。

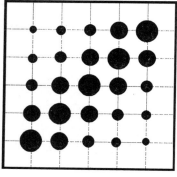

图 5—25（左）
图 5—26（右）

2. 基本形

基本形指构成图形的基本单位。在设计中通常采取的是在基本形的格线内，运用点、线、面进行分割、重叠或挖切等组成有一定变化的基本形。但基本形的设计宜于简练，繁杂的基本型往往容易烦琐，影响效果（图5—27）。

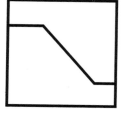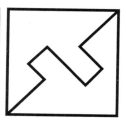

图 5—27

3．重复骨骼重复基本形的构成

将同一基本形反复使用，且其排列格式也采取重复的形式，即为重复骨骼重复基本形。它的特点是基本形的连续排列，使画面具有一种律动美，其规则为变化统一。

排列方法：

1）基本形的重复排列（图5-28）：

2）重复基本形正负排列（图5-29）：

图5-28

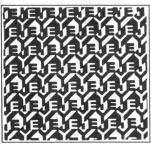

图5-29

3）重复基本形在方向、位置及正负交替的变化（图5-30）：

4）重复基本形的单元反复排列（图5-31）：

图5-30

图5-31

5）重复基本形单元间空格反复排列（图5-32）：

6）重复基本形的错位排列（图5-33）：

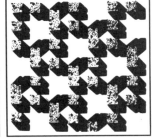

图5-32

图5-33

7）基本形局部群化排列（图5—34）：

8）基本形交错重叠排列（图5—35）：

图5—34

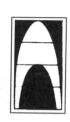
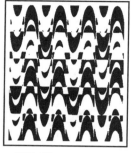

图5—35

9）自由排列构成（图5—36）：

图5—36

4．重复骨骼构成的应用

重复骨骼构成在实际应用时，往往都是几种形式结合使用。有些作品按构成图形的需要将重复骨骼作为设计的主要格式（图5—37）。

5．无作用性骨骼的重复构成

是指通过基本形在骨骼线交点上，大小不同的变化，在画面上表现出其不同的疏密关系，从而产生鲜明的明暗对比。这种构成方法形象夸张、装饰效果强，并具有一种韵律美（图5—38）。

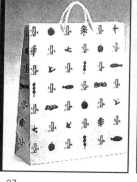

图5—37

图5—38

6. 重复基本形的群化构成

群化是基本形重复构成的一种特殊表现形式。它不同于一般重复构成那样，在上下或左右均可以连续发展，而是具有独立存在的性质。它是标志、符号等设计的有效手段之一（图5—39）。

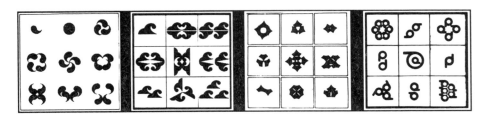

图 5—39

5.3.3　节奏和韵律

节奏和韵律是借用音乐艺术时间现象的用语，是经过音乐家有组织有规则的编排创造产生的。如：一首乐曲的节拍即节奏，曲调的高低、强弱、长短即韵律。在平面构成中，节奏和韵律其突出的特点就是有一定的秩序性，是按照一定的比例，有规则地递增或递减，并具有一定阶段性的变化，造成富有律动感的形象，使构成作品呈现出一种跃动感，给人以活力和魅力。其主要表现特征是将基本形有规则、反复地连续起来，并且渐次地进行发展变化，也有是由于放射形象所产生的渐次变化而形成的。

在设计中，节奏和韵律包含在各种构成形式中，但渐变构成和发射构成两种形式表现最为突出。

1. 渐变构成

渐变也称渐移，是以类似的基本形或骨骼，渐次地、循序渐进地逐步变化，呈现一种有阶段性的、调和的秩序。如日常生活中海螺的生长结构、音波的传播和水纹的运动等。

1）渐变的形式

（1）方向的渐变

点的排列方向不同，由正面渐次地转向侧面，会产生较强的空间感。排列成带状的点，能表现出扭曲的形态（图5—40）。

（2）大小和间隔的渐变

点的大小变化，受视觉经验的影响会造成空间感和韵律感（图5—41）。

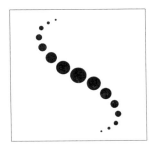

图 5—40（左）
图 5—41（右）

（3）位置的渐变

在点、线群的构成中，一部分点渐次地改变位置，变化画面的构成格式，会增强画面中动的因素，使作品更富于变化（图5-42）。

（4）形象的渐变

在一系列图形的构成中，为了增强作品的视觉情趣，有时采取从一种形象逐渐过渡到另一种形象的手法，其过程即形象渐变的过程（图5-43）。

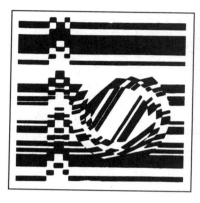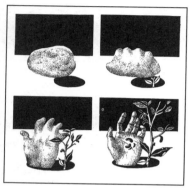

图5-42（左）
图5-43（右）

2）渐变构成的方法

（1）单纯性构成

指采用单纯的渐变图形组合在一起的构成。其特点是形象的对比直观性较强，但其图形不够含蓄（图5-44）。

（2）复合构成

指采用两种以上的线群，交叉结合在一起所形成的构成图形。这种构成方法可应用于直线与直线、直线与曲线或曲线与曲线等多种形式的结合，使画面变化丰富多彩、含蓄生动（图5-45）。

图5-44（左）
图5-45（右）

2. 发射构成

其构成骨骼的特征，是基本形围绕一个中心，有如发光的光源那样向外发射所呈现的视觉形象。具有一种渐变的效果，有较强的韵律感。骨骼形式是一种重复的特殊表现。

构成要素：发射中心（发射点）、发射线（骨骼线）。

发射构成的几种形式

(1) 离心式发射（图 5-46）

(2) 向心式发射（图 5-47）

图 5-46 图 5-47

(3) 移心式发射（图 5-48）

(4) 多心式发射（图 5-49）

图 5-48 图 5-49

5.3.4 对比、变化

一切设计作品，都要处理好调和与对比，也就是统一和变化的关系。对比、变化与调和、统一，二者是同一问题的两个方面，而一切事物都处在矛盾着的统一体当中。"对立统一规律"对于指导我们的平面设计具有重要的作用。

1. 对比的作用

对比是人们对一切事物识别的主要方法。在设计中运用对比的手法，便可突出某种形式和内容，为设计主题服务。而由于运用对比在画面上所产生的效果就有了变化，可以想象一件作品如果缺少变化，就会使人感到枯燥无味。然而如果变化过多，对比过于强烈，便会使作品杂乱无章，而失去美感。因此每件作品必须要有适度的变化、对比。同时又注意到与调和、统一的关系，才是设计成功的基础。

2. 对比的类型

1）空间对比

平面设计中的对比主要是从空间、疏密、大小、方向、曲直、明暗、冷暖等构成要素诸方面去进行处理。画面中必须留有一定的空间，才能增强其作品的深度感，才能突出主体。而不注意留有空间，会使人产生喘不过气的感觉（图5—50）。

2）聚散对比

聚散对比与空间对比是密不可分的，在画面中也就是密集图形与松散空间所形成的对比关系，处理好这一问题应从以下四个方面加以考虑：

（1）要有主要的密集点和次要的密集点（图5—51）；

（2）密集点可以点为中心也可以线为中心，要处理好密集构成的外形，既能使人感到完整，又要使密集图形互有穿插变化（图5—52）；

（3）要使主要密集点与次要密集点之间产生一定的联系，使各形象的互相关系有一定的呼应（图5—53）；

（4）密集形象的运动发展趋势要形成一定的节奏和韵律感（图5—54）。

图5—51（左）
图5—52（右）

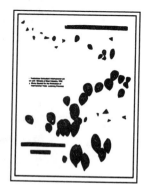

图5—53（左）
图5—54（右）

3）大小对比

大小对比较容易表现出画面的主次关系，缺少大小对比的因素，在形式上令人感到平淡。在平面设计中主要形象与内容一般都处理的较大些，与一些小的部分形成对比，使得重点更加突出（图5—55）。

4）曲直对比

在一幅作品中，过多的曲线会造成不安定的感觉，因此，在设计中就要适当地加入一些垂直或水平方向的直线（包括文字排列所形成的线）加以调整。如果垂直或水平的方向太多，会显出呆板、停滞的感觉，这样，就要适当地加些曲线或斜线（图5—56）。

图5—55（左）
图5—56（右）

5）方向对比

凡是带有方向性的形象，都必须处理好方向的排列关系。以线群为例，如果在画面中全部按同一方向排列，便会感到缺少变化和对比。反之，如果线的方向完全进行垂直交叉排列，也会感到不协调。如果将线的构成沿着一定的韵律，有节奏地、渐次地变换方向排列，其效果就完全不同了（图5—57）。

6）明暗对比

在一幅作品中，如果相邻色块对比过强且分布过散，便会出现画面繁杂花乱的感觉；如果明度相近的色块相邻太多，则会有对比关系太弱、平淡无力的感觉，因此，在设计中必须注意黑、白、灰的对比关系（图5—58）。

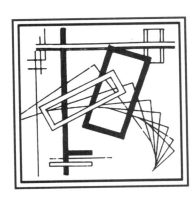

图5—57（左）
图5—58（右）

5.3.5　调和、统一

调和是指画面的各个组成部分的关系，能够和谐一致。即在任何作品中，必须有共同的因素存在。在平面设计中主要处理好形象特征的统一、色彩的统一及带有方向性形象的方向统一等。

1. 形象特征的统一

在一幅多种形象存在的作品中，如果形象与形象之间各自为政、对比强烈，则使画面产生散乱、缺少完整之感。因此，为求得形象特征的统一，可采取如下两种方法去实现。

1）有秩序的渐变，可达到调和的效果（图5-59）。

2）增加重复形的呼应作用。如适当增加主要形象的重复形或类似形并进行有秩序的分布，起到前后穿插、呼应作用。也可达到调和的效果（图5-60）。

图5-59（左）
图5-60（右）

2. 明暗和色彩的统一

在平面设计中，相邻色阶的对比较弱，画面可呈现出安定、和谐之感，而相邻色阶的对比较为强烈，则会呈现出一种跳跃、明快之感。但如果两种对比过于极端，则会产生平淡、沉闷或杂乱、不安之感（图5-61）。

3. 方向的统一

凡是带有长度特征的形象，都具有方向性。另外，形象组合也会产生方向。在多种因素的构成设计中，必须注意各形象间所产生的方向关系（图5-62）。

图5-61（左）
图5-62（右）

5.3.6 破规、变异

破规是指打破常规。一般来说，在旧有范围内的事物，因习以为常，不易产生视觉刺激作用。因此，对于失去新鲜感的事物，便会丧失敏感，不易被人们所发现和重视。而打破常规的事物，却具备这种特殊功能。利用这一种特性，运用到平面设计中，会起到事半功倍的作用。

1. 特异构成

特异是指在普遍相同性质的事物中有个别异质性的事物存在。在平面设计中，我们利用这一形式规律，加以组织、编排，即为特异构成（图5-63、图5-64）。

图 5-63（左）
图 5-64（右）

2. 形象变异构成

形象变异构成是指具象的变形构成设计。在平面设计中除掌握画面构成的规律外还要掌握造型设计的基本规律。

1）抽象法

指对一些自然形态的图形，根据画面内容、形式及生产工艺的需要进行整理和高度概括，夸张其典型性格，从而提高其装饰性，增强其艺术效果。

2）变形法

在设计中有时直接采取完全写实的形象并不能取得较满意的效果，而需要进行一些变形，从而增加形象的艺术感染力，使作品吸引更多的观众（图5-65）。

3）切割法

为了适应某些设计部位的需要，可将部分形象进行适当的切割，重新拼贴构成。采取这种手法，可使一个图形变成两个或三个重复形，也可使形象压缩、拉长、扭曲或局部夸张（图5-66）。

图 5-65（左）
图 5-66（右）

4）格位变形法

将自然形态的图形按其形象大小量取若干等大的正方形格位，而在变形的部位也量取同等数量的格位，其格位按变形的需要可打成长方形（左右拉长形）、菱形（倾斜形）、曲线形（扭曲状态）等不同形状，然后将原形按格位的布局移至变形部位，即可构成新的变化图形（图5-67）。

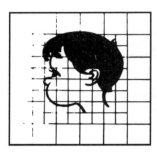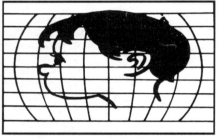

图5-67

5）空间割取及形象透叠法

在较大的构成作品设计中，其形象经过概括整理便会显得形象简单、画面单调，为了增强画面的变化、提高其装饰效能，可在画面空间进行适当的割取，然后，将其各割取部分进行重叠，也可以使各形象之间互相交叉透叠及不同色调的配置使画面丰富多彩（图5-68）。

3．空间构成

在平面设计中，为了表达空间的立体效果，按透视学的原理，将平行直线集中消失到灭点的方法，表现其空间感。但在平面构成中，有时却违背这些原理，造成"矛盾空间"。由于这种空间透视存在着不合理性，而且，有时还不容易立即找出其矛盾所在，这样就会使观者琢磨不定，增加其欣赏兴趣（图5-69）。

图5-68（左）
图5-69（右）

5.4 作业9——点、线、面构成练习

5.4.1 作业要求

使用绘图笔与尺规，将点、线、面三种元素分别进行构图设计，于200mm×200mm白色卡纸上绘制成一张无色彩体系的图形，图形要求简洁完整、结构紧凑、富于变化。体会点、线、面的不同视觉效果。

5.4.2 评分标准

序号	阶段	总分	分数控制体系	分项分值
	点、线、面练习评分标准（总分100分）			
1			点线面的元素使用得当	10
2	点线面的正确运用	30	结构紧凑	10
3			富于变化	10
4			平衡原则的运用	10
5	构图原则的运用	40	重复及群化功能	10
6			对比与均衡	10
7			节奏与韵律	10
8			绘制精致细腻	10
9	制作与绘图	30	图面干净整洁	10
10			图形简洁完整	10

5.4.3 作业与评语

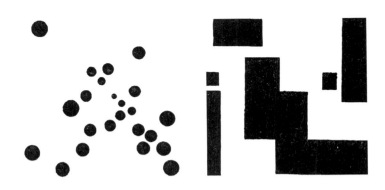

图 5—70（左）
图 5—71（右）

评语：

图 5—70：该学生作业利用点进行组合，考虑到点的大小与视觉重量感，构图均衡，有创意。制图细致，图面简洁完整。

图 5—71：该学生作业利用面进行组合，巧妙地利用点、线、面的临界点，既有放大到面的点，又有加宽到面的线，图面富于变化，简洁明快。

5.5 作业10——重复、韵律练习

5.5.1 作业要求

使用绘图笔与尺规，充分利用各种构成元素进行重复和韵律的设计，于200mm×200mm白色卡纸上绘制成一张无色彩体系的图形。

5.5.2 评分标准

序号	阶段	总分	分数控制体系	分项分值
	重复韵律练习评分标准（总分100分）			
1	重复韵律的创意设计	30	富有创意	10
2			重复的秩序性与和谐	10
3			渐变的合理性	10
4	构图原则的运用	40	重复骨骼选择的准确性	10
5			基本形的把握	10
6			重复的排列方法	10
7			图面和谐、稳定	10
8	制作与绘图	30	绘制精致细腻	10
9			图面干净整洁	10
10			图形简洁完整	10

5.5.3 作业与评语

图5-72（左）
图5-73（右）

评语：

图5-72：该学生作业利用相互交错的重复手法，创意简洁却具有冲击性。采用环状的重复手法，构图完整，渐变合理，图面和谐稳定。

图5-73：该学生作业节奏和韵律很有秩序性，有规则明显，并具有一定阶段性的变化，律动感强，作品呈现出一种跃动感，给人以活力和魅力。

5.6 作业 11——变化、变异练习

5.6.1 作业要求

使用绘图笔与尺规，充分利用各种构成元素进行变化、变异练习的设计，于 200mm×200mm 白色卡纸上绘制成一张无色彩体系的图形。

5.6.2 评分标准

<table>
<tr><td colspan="6" align="center">变化、变异练习评分标准（总分100分）</td></tr>
<tr><td>序号</td><td>阶段</td><td>总分</td><td>分数控制体系</td><td>分项分值</td></tr>
<tr><td>1</td><td rowspan="3">变化变异的创意设计</td><td rowspan="3">30</td><td>富有创意</td><td>10</td></tr>
<tr><td>2</td><td>方向、大小及位置的变异和理性</td><td>10</td></tr>
<tr><td>3</td><td>空间感的形成</td><td>10</td></tr>
<tr><td>4</td><td rowspan="4">构图原则的运用</td><td rowspan="4">40</td><td>变形法的运用</td><td>10</td></tr>
<tr><td>5</td><td>对比强烈</td><td>10</td></tr>
<tr><td>6</td><td>画面和谐统一</td><td>10</td></tr>
<tr><td>7</td><td>变异的合理性</td><td>10</td></tr>
<tr><td>8</td><td rowspan="3">制作与绘图</td><td rowspan="3">30</td><td>绘制精致细腻</td><td>10</td></tr>
<tr><td>9</td><td>图面干净整洁</td><td>10</td></tr>
<tr><td>10</td><td>图形简洁完整</td><td>10</td></tr>
</table>

5.6.3 作业与评语

图 5-74（左）
图 5-75（右）

评语：

图 5-74：该学生作业利用特异变异的手法，在普遍相同性质的方圆中有一个旋转角度的异质性的事物。他利用这一形式规律，加以组织、编排。图面简洁完整，具有趣味性。

图 5-75：该学生作业采用了旋转 90°的简单方法产生特异变异，制图精致，图面干净完整。

模块六 色彩构成

教学目的：掌握色彩的三要素、特性及相互关系

掌握色彩构成的类型、特征与绘制方法

熟悉水粉颜料的应用

培养学生对色彩的感觉

掌握色彩组织、搭配与应用能力

掌握色彩心理与情感

所需理论：见第 6 章

作业形式：使用水粉颜料、尺轨及其他工具绘图于卡纸上

作业内容：点、线、面构成练习，重复、韵律练习，变化、变异练习

所需课时：12

评分体系：见第 6 章

作业 12 色环练习

作业要求：使用绘图笔与尺轨与水粉颜料，绘制 24 色色环于 250mm × 300mm 白色卡纸上

训练课时：12 ～ 16

范例与评语：见第 6 章

作业 13 色彩对比练习

作业要求：用色彩表现相关的系列主题，四张为一组，使用绘图笔、尺规与水粉颜料，按要求绘图于 200mm × 200mm 白色卡纸上

训练课时：12 ～ 16

范例与评语：见第 6 章

作业 14 色彩采集练习

作业要求：使用绘图笔与尺规与水粉颜料，按要求绘图于 250mm × 250mm 白色卡纸上

训练课时：12 ～ 16

范例与评语：见第 6 章

6

第6章　色彩构成

6.1　色彩的基本知识

6.1.1　色彩构成的概念

将两个以上的色彩，根据不同的目的性，按照一定的原则，重新组合、搭配，构成新的美的色彩关系就叫色彩构成。

6.1.2　色彩的起源

光是引起彩色视觉的物质，有光才有色。17世纪中叶，英国物理学家牛顿认为光与色二者基本是一个东西，他用三棱镜分解阳光，呈现红、橙、黄、绿、蓝、紫六种色光（图6-1）。这六种单色光构成了色彩的基本色相，由此展开了多彩的世界。

经历了几个世纪的时光，由几代伟大的物理学家尽毕生精力去研究，终于对光作出了一个完整的解释：光——是太阳向宇宙辐射的一种电磁波。电磁波的波长范围极宽，最短的电磁波为宇宙射线，最长的电磁波为交流电波，可见光波属于电磁波中较短的波。而看到日常物体的色彩时，可能不会认为看见的也是光，其实此刻眼睛接受的仍然是光，只不过这是光源光照射在物体表面上反射出来的部分光线。人们的视觉接受的光刺激主要来自于反射光。

6.1.3　固有色与物体色

1. 固有色——物体在正常光照情况下显现的色彩。
2. 物体色——在色光照射下，物体原本的固有色消失，而显现出一种新的色彩。

从科学角度看，任何一种物体表面都有一种物理特征，可以吸收某种波长的光，反射另外一些波长的光。红色表面，主要反射红光的性能，微弱反射邻近的光谱色。而红光照射红色表面，红色的鲜明感也更强。绿色表面，主要反射绿光的性能，微弱反射邻近的光谱色。

在照明工业快速发展的今天，我们不仅使用电灯做夜间照明，而且用各种光的材料来美化生活，服务于商业和娱乐场所，以及舞台艺术、影视艺术等。在实际应用中，投照光与物体色的关系都必须加以科学的考虑，才能得到适合需要的颜色关系。

6.1.4　无彩色

在色彩世界，包括有彩色和无彩色两个系统，黑、白、灰即无彩色系。它们的区别在于是否带有单色光的倾向，有彩与无彩两者相互映衬，相互作用。形成了完整的色彩体系。

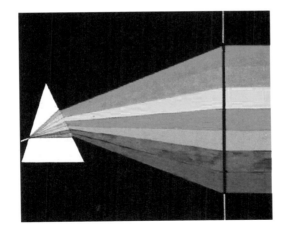

图 6-1

6.2 色彩的要素

色彩的三属性指的是色相、明度、纯度。我们眼睛所看到的各种颜色都具有这三种属性。美术家和设计家创造色彩时,这三要素就是他们掌握的乐音。如利用简单的音符创造变化出许许多多的音乐形式,色彩构成练习就是主要利用了这三要素进行着量与秩序的变换,以求达到理想的色彩效果。因此,色彩构成学更确切地说是一门色彩创造学。

6.2.1 色相——色彩的相貌

在有彩色体系中,我们能够区分出红、橙、黄、绿、蓝、紫不同的色彩特征。它们是由不同波长决定的,各自拥有自己的波长,从短到长按顺序排列,好像音乐中的音阶顺序,秩序而和谐。

在应用色彩理论中,通常是用色环而不是用呈直线顺序的光谱表示色相系列的。最简单的色环由光谱上的 6 个色相环绕而成。如果在这六色中间增加一个过渡色相,便构成了 12 色相环。如果再在 12 个色相间增加一个过渡色相,就会组成 24 个色相环(图 6-2)。

6.2.2 明度——颜色的明暗特征

从光谱色上可以看出最明亮的颜色是黄色,处于光谱的中心位置。最暗的色是紫色,处于光谱的最边缘。一个物体表面的光反射率越大,对视觉刺激的程度就越大,看上去就越亮,明度就越高。通常通过从黑至白的无彩色的渐变色阶作为明度色阶表(图 6-3)。

6.2.3 纯度——纯度指的是颜色的鲜艳度

红色是纯度最高的色相,蓝绿是纯度最低的色相。若用颜色调试,红与灰相混比蓝绿色与灰相混可得到更多的纯度等级,纯度体现了色彩内向的品格。同一种色相,如果纯度发生了细微的变化,也会立即带来色彩性格上的变化(图

6-4）。对色彩的修养和能力，可以说与把握纯度有很大的关系，需要在长期
实践中熟悉各色的纯度变化与搭配方法。

图 6-2（左）
图 6-3（右）

图 6-4

6.2.4　色立体

　　色立体是人们借助三度空间概念来表达色彩的色相、明度、纯度三者相
互关系的一种形成。如果我们用一个球体，明度将在垂直方向，纯度在水平方
向，色相在圆周方向上作依次的变化，孟塞尔、奥斯特瓦德色立体基于此种空
间秩序，体现色彩客观结构。

6.3　色彩混合

6.3.1　三原色（三基色）

　　就是说三色中的任何一色，都不能用另外两种原色混合产生，而其他色
可由这三色按一定的比例混合出来，这三个独立的色称之为三原色。

　　色光的三原色是红、绿、蓝，颜料的三原色是红（品红）、黄（柠檬黄）、蓝（湖
蓝）。色光混合变亮，称为加色混合。颜料混合变暗，称之为减色混合。

6.3.2　加色混合

　　1. 概念

　　混合色的总亮度等于相混各色光亮度的总和，故称为加色混合。

　　2. 混合实例

　　1）朱红 + 翠绿 = 黄

　　2）翠绿 + 蓝紫 = 蓝

　　3）朱红 + 蓝紫 = 品红

　　有彩色光可以被无彩色光冲洗并变亮，如红光与白光相遇，可得到的是

更加明亮的粉红色光。色光中各色相混，如果比例不同，亮度不同，纯度不同，会产生不同的色彩效果。

6.3.3 减色混合

1. 概念

色料混合后，一般都能增强吸收光的能力，削弱反光的亮度。在投照光不变的情况下，新产生的色料的反光能力低于混合前色料的反光能力的平均数。故新色料明度降低了，纯度也降低了，称为减色混合。

2. 混合实例

我们以蓝色、黄色为例：蓝色——主要反射蓝色光，同时也反射邻近的绿色光；黄色——主要反射黄色光，同时也反射邻近的绿色光。当蓝色＋黄色时，它们都反射绿色光而吸收了其他所有波长的波，我们看到的就是绿色。

一般来说透明性强的染料，混合后具有明显的减光作用。如水彩、丙烯，相混合后明显地降低了光亮度。透明性不太强的涂料及颜料，含有较多的粉质物质，透明度低，减色效果就不明确。如广告色、油画色，若用黄色与紫色调和，混出的色比黄色重，比紫色亮。

6.3.4 中性混合

1. 概念

无论是色光混合还是色料混合，都是色彩未进入视觉之前在视觉外混合好的，再由眼睛看到，这种视觉外的混色为物理的混色。而另一种情况是在进入视觉前没有混合，而是在一定的条件下，通过眼睛的作用将色彩混合起来，这种视觉内的混色为生理的混色。由于视觉混色效果在知觉中既没有变亮也没有变暗的感觉，它所得的亮度为相混色的平均值，故被称为中性混合。

2. 混合方式

1）颜色的旋转混合

2）空间混合

物体在视网膜投影的大小，由物体本身的大小和物体与眼睛的空间距离决定。同样大小的色，靠近眼睛时，视觉增大，这块色在视网膜上的投影就会增大，反之则小。不同的颜色并置在一起，当它们在视网膜上的投影小到一定程度时，不同颜色刺激就会同时作用到视网膜上非常邻近部位的感光细胞，以至眼睛很难将它们独立分辨出来，就会在视觉中产生色彩混合，由于此混合受空间距离的影响，故称为空间混合。空间混合既不加光也不减光，同样的颜色用空间混合的方法，达到的混合效果比用颜料直接混合的效果更明亮、生动（印刷中的网点就是由于分布及重叠情况不同，故可以印刷出与原作非常相似的图画）（图6-5、图6-6）。

图 6—5（左）
图 6—6（右）

6.3.5　补色

　　凡两种色光相加呈现白光，两种颜色相混呈现灰黑色，那么这两种色光和这两种颜色即互为补色。补色的位置，在色相环上属一直径的两端，也就是对顶角的位置。

6.4　色彩的调性

6.4.1　色调与和谐

　　1. 色调构成的概念

　　色调构成建立在有序的基础之上。自然的形式千变万化，充满强烈的对比刺激，比如生长期幼芽的嫩绿与绿色的深浅过渡。生活的环境也是如此，节日的张灯结彩，充满和谐的庆典气氛。所有的视觉形式都在有序与无序的对比统一之中，色调构成则是在复杂的自然与人工色彩环境中探寻有序的色彩组合关系，有序就是和谐、协调、调和、融合的意思，是指色彩的秩序感、相互协调的色彩的比例关系。无序则是杂乱无章，缺少规律，没有调和与统一。

　　2. 色调构成的和谐表现形式

　　1）整体协调

　　和谐是色调构成永恒的主题，强调对比与调和、变化与统一的规律。和谐不等于简单单纯，也不是绝对的相同、无差异无矛盾的状态，而是整体的协调，和谐地表达整体上的差异面。这是一种既包含着色彩的色相、明度、纯度、面积等方面的差异与对比，又在整体上取得协调一致的美。

　　2）色彩组合上的和谐

　　色彩组合上的"和谐"，是指很相近的类似彩色的组合；或指相同明暗的不同色彩的组合；或指尖锐对比而组合在一起的色彩搭配。包括同一性和谐与非同一性和谐。同一性和谐指同一组合中的色彩存在同明度、同纯度、同色相或是性质相近的组合关系。它产生的和谐是平铺直叙、没有起伏的，不能引起紧张感，其特性是含蓄优雅。非同一性和谐是能够带来紧张感的色彩组合，它没有相同的明度、纯度和色相，不十分含蓄，而想强调色彩的力量（图6-7）。

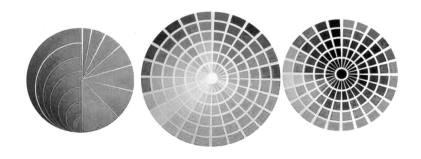

图6-7

6.4.2　轻重的色调

色彩的轻重感来自于生活中的体验，比如白色使人想到棉花与白云，感觉轻飘；黑色使人想到铁块或煤石或阴云密布，感觉沉重。

1. 影响色彩的轻重感的因素

1）明度

色彩的轻重感主要是由明度决定的，浅色调往往具有轻盈柔软感，重色调则具有压力重量感，因此要想使色调变轻，可以通过加白来提高明度，反之则加黑降低明度。

2）知觉度与纯度

色彩的轻重感与知觉度与纯度也有关，暖色往往具有重感，冷色则具有轻感，纯度高的亮色感觉轻，纯度低的灰色感觉偏重。

2. 轻重的色调在设计中的应用

一组色彩的轻重关系。在一组色彩中，其中一块颜色对于它的邻居可能具有不同的轻重感，为了形成色调，在一组色彩中轻重关系可以相互渗透渐变，以便达到完美统一的和谐美。如图6-8是一封面设计，其中主体橘黄色对于背景深蓝色构成不一样的轻重关系，使画面主体富有漂浮感（图6-8）。在设计作品中，为了能更好地表现主题，有时并不能仅仅考虑色彩的单一方面，而需要整体的思考和反复的练习，才能找到你想要的色彩语言。

我们分析轻重色彩是为了在设计中更好地运用色彩和色调，比如哪些环境中适合运用轻的色调，哪些则适合运用重的色调。女性化妆品中的香水包装大部分用轻

图6-8

色调系列，这是因为希望消费者从包装形象中可以感受到清新、高雅的品质。而公共标识交通符号通常以色彩反差比较大的强对比色调或重色调为主，为了警示人们的注意，具有很强的功能性。

6.4.3 冷暖的色调

1. 冷暖色调的分类依据

冷色与暖色是依据视觉心理对色彩的感知性分类，对于颜色的物质性印象，大致产生冷暖两个色系。波长长的红光和橙、黄色光，本身有暖和感。相反，波长短的紫色光、蓝色光、绿色光，则有寒冷的感觉。在色轮表中，红、橙、黄代表暖色系，绿、蓝、紫代表冷色系。

色彩的冷暖色调与人们的需求相一致，例如在需要热烈的气氛和欢快的场面时，我们就用暖色调来带动人们的情绪和渲染氛围。另一方面冷暖色调存在反向利用，例如在寒冷的冬天利用暖色来装饰房间，会使人们感觉温暖；在炎热的夏天使用冷色的窗帘和饰品，又会让人觉得凉快。这样并不是真的可以改变物理温度，而是通过冷暖色调的反向而影响人的心理，求得人们视觉和心理的平衡。

2. 冷暖色调的心理感受

暖色调往往让人感到亲近，它有前进感和扩张感，而冷色调则有后退感和收缩感，让人感到冷静和疏远。一般人们常用下列词汇来形容冷暖：阴影与阳光（我们看到阳光照射的地方具有暖色的感觉，而阳光照不到的地方和阴影部分就有冷色的感觉）、镇静与刺激、远与近、女性与男性、微弱与强烈、缩小与扩大、流动与稳定、冷静与热烈等。

3. 影响色调的冷暖的因素

以下我们通过色彩的冷暖对比关系来看冷暖色调。冷暖色调与色相、明度、纯度以及面积有直接的关系。

1）色相

如果我们把橘红看成最暖色，在色立体中我们称它为暖极，则凡近暖极的称暖色，与暖极距离相等的各色，暖的程度相等；而如果我们把湖蓝定为最冷色，它在色立体上的位置称为冷极，则近冷极的称冷色，与冷极距离相等的各色，冷的程度相等。而与两极距离相等的各色，则称为冷暖的中性色。

2）面积

在一幅画面或设计中，所谓的冷暖色调更多是通过冷暖关系来认定的。一幅作品中，多数色彩是冷色，或大面积色彩是冷色，而只有少数或小面积色彩是暖色的，整体形成的色调也是冷色调。反之，多数色彩是暖色，或是大面积色彩是暖色，而只有少数或小面积色彩是冷色，整体形成的色调也是暖色调。而如果任何色彩都是暖色，那么这幅作品显然是暖色调；相反如果任何色彩都是冷色，那么这幅作品显然是冷色调。但是有些作品的色调属于冷暖中调，即它的色彩是介于冷色和暖色之间的邻近色（图6-9）。

3）纯度和明度

色彩冷暖的强烈对比往往是因为冷暖色彩具有同等大小的面积和纯度，而且往往是补色关系。在色彩表达中，既需要含蓄的色彩色调，又需要强烈的色彩色调。要想使这种尖锐对比变得不那么强烈，而更加和谐，可以通过减低它们的纯度或明度，以及使它们互为补色的色彩相互渗透、变化则可产生中性灰色。因此这种色彩关系更具有色调感。而同等面积、纯度比例的冷暖色彩，如果明度基本相同，也会产生色调感。如果冷暖色彩的明度不变，面积基本相等，我们可以减低纯度，形成和谐色调。

一幅作品中，我们可以把纯度较高的一方或面积较大的一方看成主色调。如图6-10所示，背景是大面积的红黄色，红黄色会有偏暖的感觉，同时运用了偏冷的绿色与之相配，虽然面积较小，视觉冲击力却很大。一幅画面中的冷暖色的相互渗透还会形成十分美妙、和谐含蓄的灰色色调。我们研究和探讨色彩的色调是为了更好地利用它们来完成我们的设计，表达我们的所思所想。

图6-9（左）
图6-10（右）

6.4.4 复合色调

1. 灰色与纯色的结合形成复合色调

纯色往往是响亮的、强烈的。它吸引人们的视线，同时也震撼人们的心灵。而经过色彩调和后的灰色的美则是含蓄而沉稳的，这里面所用到的灰色不仅仅是黑色与白色的调和，我们知道互为补色的两色相混同样会得到灰色，而设计中的灰色也可能是有色彩偏向的，现代设计中很多作品将纯色与灰色相结合形成的色彩是和谐的，但同时也是具有表现力的。灰色因为过于含蓄而缺乏生命力，纯色又因为过于活泼跳跃而显得急躁，灰色与纯色的结合既沉稳又不沉闷，那么此类色调中的纯色与灰色如何搭配才会带来最好的效果，则需要我们不断地探索和实验。

2. 强彩色复合色调和弱彩色复合色调

强彩色复合色调和弱彩色复合色调是指复合色调中色彩的纯度关系。强彩色复合色调的画面主要由强烈色彩或纯度较高的色彩组合而成；弱彩色复合色调则主要由纯度较低的色彩组合而成。它们产生的效果极为不同，画面性格迥然有异。

3．补色色调

补色色调是因补色关系形成的复合色调。我们知道补色相加形成灰色，补色之中任何一方颜色加入的多少都会使它们的灰色有所偏向，如红色加绿色产生灰色，如果加入的红色成分多于绿色，那么产生的灰色就偏向红色，即为红灰色。我们说的补色色调可以是以补色相加后的灰色作为基调形成的复合色调。另一种补色色调我们称为补色对比色调，即是将补色直接放入画面中，使整体画面由这种补色关系构成色调。它是对比的、强烈的、和谐的，补色的美被充分体现。然而这种关系的色调也并非总是如此的眩目。如图6—11所示，同样是补色关系，而且这种关系表现得非常强烈，甚至运用两套补色，但因降低了明度或纯度，而且间隔排列，而使之更为调和。在一幅画面中补色运用到位可以使画面极为生动，反之，则会让人感觉烦乱和困扰。

图6—11

4．黑白色与纯色的结合形成复合色调

黑白色因其独立性而自成色调。在设计中黑白色彩的地位举足轻重；黑白色与纯色的结合甚至可以增强纯色的力度，同时也使自身的个性得到发挥。可以说，黑白色与任何纯色相结合，都会产生和谐的色调。

6.4.5　黑白色调与单色

1．黑白色调的特性

1）黑白色调的形成

黑白色调中起关键作用的是黑白色阶。色彩的色阶是多元的，包括明度、纯度和色相的色阶。黑白色阶只是从黑到白的明度变化的单一色阶。在作品中，色阶直接影响着黑白色调的硬度。就是说，一幅画面，它的色阶越多，产生的灰色就越丰富，画面效果就越柔和细腻，产生的光影感越真实；反之，色阶越少，产生的灰色就越少，画面效果就越生硬，力度加强，真实感减弱，也更为抽象和归纳。

2）黑白色是永恒的对比色

黑色与白色代表色彩世界的阴极和阳极，是对色彩的最后抽象。太极图案就是以黑白两色的循环形式来表示宇宙永恒的运动的。黑白色的表现力既是抽象的又是实实在在的，对比于其他的色彩它具有包容性和神秘感。黑白两色是极端对立的色彩，然而有时候又有着令人难以言状的共性。黑色与白色的对比关系是其他色彩难以超越的，具有永恒的不可替代性。

3）黑白色易于和谐

彩色与彩色相匹配形成画面的色调，要想使之和谐则需要调整它们的关系，特别是纯度或明度，当然还有面积。色彩搭配得好会使人悦目、产生好感；

如果搭配不好，效果极为糟糕。黑白色彩似乎天生拥有一种和谐能力，无论任何色彩与黑白色彩相结合，都会产生和谐的色调。

4）黑白色彩的怀旧情结

在色彩如此绚烂的今天，人们似乎仍然热衷于黑白色彩的表现。电视、电影、电脑、图片以及多媒体影像，我们身边一切的一切都是五彩缤纷、五光十色的。然而人们反过头来寻找着那代表过去的黑白色，如同我们会常常怀念好莱坞的经典黑白电影。这种怀旧情结几乎每人都有切身感受，它们根深蒂固地存在于我们心里。黑白色彩在艺术和宣传领域里就常以咄咄逼人的姿态，影响带动了人们的观感和精神感受。因此虽然色彩丰富多样，但人们仍然不能忘怀和抛弃黑白色彩，这是毫不奇怪的。黑白色彩因为其单纯性而超越了时空，它永远都不会过时；它既是怀旧的，同时也是现代的。

5）黑白色是强调光影的色调

我们可以看到黑白摄影和黑白电影，除去五颜六色后，似乎平添了另一种表现力，这是由于光影明暗的加强，人们更专注于对其光影本身的美的欣赏，并从中体验到怀旧的情绪。而这种感染力是彩色所不能带来的。

2．单色调

单色调是指只用一种颜色；只在明度和纯度上作调整，间用中性色。单色色调有一种强烈的个人倾向，易形成十分和谐的风格。而我们要注意的是，色彩必须做到非常有层次，明度系数也要拉开，才能达到鲜明的效果。

6.5　色彩对比

色彩的对比，就是色彩之间存在的矛盾。各种色彩在构图中的面积、形状、位置和色相、纯度、明度以及心理刺激的差别构成了色彩之间的对比。这种差别愈大，对比效果就愈明显，缩小或减弱这种对比效果就趋于缓和。其实设计的本质也就是在应用中如何处理好"对比"与"协调"的关系，由于设计目的、用途的不同，我们对色彩的处理，有时需要对比强烈一点，有时又需要它协调一些，有时则反映出既对比又协调的色彩效果。

6.5.1　同时对比

两色并置，双方都会把对方推向自己的互补色，使二色更鲜明、强烈，称同时对比，如图 6-12 所示。

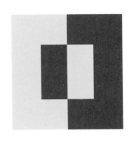

图 6-12

6.5.2　连续对比

如，长久注视一块红色后，抬头看其他地方，会有一视觉残像产生（产生绿色感）。长久注视绿色后，会产生红色的视觉残像。无论是同时对比时我们感到的色彩印象或是连续对比中产生的视觉残像，它们都是由视觉生理条件所致。

在实际设计中，往往根据人们这一视觉特点，进行色彩的设计。如据报道一工厂的工人长期处于缺乏色彩的流水线上工作，情绪非常烦躁，精神不集中，后将流水线旁边摆上一些植物后，这一问题得以解决。这说明生理与心理相互影响。

6.5.3　色相对比

色相对比是利用各色相的差别而形成的对比。色相对比的强弱可以用色相环上的度数来表示（图6—13）。

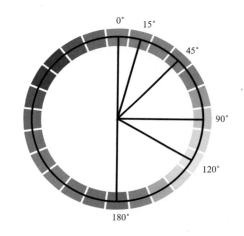

图6—13

1．补色对比——180°

红——绿、黄——紫、蓝——橙

在最简单的六色相环中，每一个原色都与另外两个色所构成的间色形成补色关系。注意，三组最典型的补色中：

1）由于黄色与紫色明暗对比强烈，成为三对补色中最强烈的一对。

2）蓝色与橙色的明暗对比居中，冷暖对比最强，是最活跃的色彩对比。

3）红色与绿色明暗对比近似，冷暖对比居中，在三对补色对比中，显得十分优美。由于两色的明度接近，它们相互间色调的作用十分明显，有炫目的效果，正所谓万绿丛中一点红。自然界中植物的花与叶，很多情况下是红与绿的搭配，是较为强烈、协调，突出的搭配。红与绿的搭配，也常是民间艺术作品中的习惯用色，如民间绣品、服饰等。

2．类似色、邻近色对比——15°～40°

它们的对比也是较弱的对比，对比感弱、协调感强。

它们在色相因素上有相互渗透之处，故它们既有清晰的色相、对比，同时又产生相似柔美的色彩感觉。在统一中体现变化。

3. 原色对比——120°

是色相环上最极端的色——最强的色相对比，红黄蓝三色给人以极强烈的色彩冲突。自然界的色调很少出现，它似乎更具有精神的特征。如许多国家的国旗。

4. 间色对比

绿色、橙色、紫色为原色相混所得的间色，其色相对比略显柔和。植物如果实花朵色彩以间色为多，体现大自然的美。

5. 冷暖色相对比

冷、暖之感，源于人们长期劳动生活中的一种真实体验后所产生的心理感受，并由此而产生的一种联想。

6.5.4 明度对比

1. 概念

明度对比是色彩的明暗程度的对比，也称色彩的黑白度对比。明度对比是色彩构成的最重要的因素，色彩的层次与空间关系主要依靠色彩的明度对比来表现。只有色相的对比而无明度对比，图案的形状难以辨认；只有纯度的对比而无明度的对比，图案的形状更难辨认。因此明度对比是配色的基础。

2. 明度基调

根据明度尺将灰度阶段分为三个明度基调：高明调、中明调、低明调。而凡明度差在3个级数差之内为明度弱对比，在3～5个级数差之内为明度中间对比，在5个级数差之上为明度强对比。如下所示。

黑										白
0	1	2	3	4	5	6	7	8	9	10
低明调				中明调			高明调			

高明调：高长调（7、8、9+1、2、3、）明朗，高短调（7、8、9）轻柔。

中明调：中长调（4、5、6+1、2、3、7、8、9）强壮，中短调（4、5、6）老成。

低明调：低长调（1、2、3+7、8、9）威严，低短调（1、2、3）沉重。

3. 色彩认识度与明度关系

由于颜色关系不同引起对形状辨认上的差异，称色彩的认识度。色彩的认识度取决于形状的色彩与周围色彩的关系。明度对比越强，色彩认识度越高。因此明度对比决定颜色的认识度。这意味着视觉对明度对比的注意力十分敏锐，而较强的明度对比含在一定程度上分散对颜色的感受力。

6.5.5 纯度对比

1.概念

纯度对比是指较鲜艳的色与含有各种比例的黑、白、灰的色彩，即模糊的浊色的对比。

2.纯度基调

饱和色、近似饱和色＋中性灰、近似中性灰为强对比，间隔只有 1 ～ 2 个等级为弱对比，间隔约 3 ～ 5 个等级为中间对比（图6-14）。

3.降低纯度方法

1）加白：纯色混合白色可以降低其纯度，提高明度，同时色性偏冷。各色混合白色以后会产生色相偏差。

2）加黑：纯色混合黑色，降低了纯度，又降低了明度。各色加黑色后，会失去原来的光亮感，而变得沉着、幽暗。

3）加灰：纯色加入灰色，会使色味变得浑浊；相同明度的纯色与灰色相混，可以得到相同明度而不同纯度的含灰色，具有柔和、软弱的特点。

4.加互补色：加互补色等于加深灰色，因为三原色相混合得深灰色，而一种色如果加它的补色，其补色正是其他两种原色相混所得的间色，所以也就等于三原色相加。如果不是原色，在色轮上看，任何一种色具有两个对比色，而它的补色正是这两个对比色的间色，也就等于三个对比色相加，也就等于深灰色。所以，加补色也就等于加深灰，再加适量的白色可得出微妙的灰色。

6.5.6 影响色彩对比的因素

1.色面积与对比

面积对比是指各种色彩在构图中占据量的对比，这是数量的多与少，面积的大与小的对比。色彩感觉与面积对比关系很大，同一组色，面积大小不同，给人的感觉不同。如面积小的红绿色点或色线在空间混合中，在一定的距离之

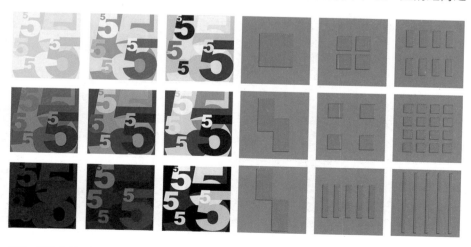

图6-14（左）
图6-15（右）

外的感觉接近金黄。而面积大的红绿色块的并置，给人以强烈的刺激感觉（图6—15）。同一种色彩，面积小则易见度低，因其色彩被地色同化，难以发现。面积大易见度高，刺激性也大，大片红色会使人难以忍受，大面积黑色会使人沉闷、恐怖，大面积白色会使人空虚。

2．色形状与对比

1）形的聚散

形状对色彩的影响体现在聚散方面，形越集中，色彩对比越强，分散则反之。

2）色形状与表现效果

色彩与几何图形的关系，若能相辅相成，可以增加形色的价值（图6—16）。

（1）正方形明确、安定有重量，红色体现不透明感，庄严感，故正方形＋红色具有同一的精神表现力。

（2）三角形尖锐、积极，黄色明亮、突于刺激、轻量感，故三角形＋黄色具有轻快、灵活的感觉。

（3）圆形温和、轻快、圆滑，易产生联想如星球、轮子等，蓝色易联想宇宙、空气、水等，故圆形＋蓝色具有冷静、持久、永恒感。

（4）紫色对应椭圆。

（5）橙色对应不等边四边形。

（6）绿色对应弧线三角形。

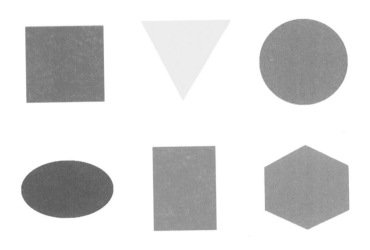

图 6—16

3）位置对比

色彩不仅具有一定的明度、色相、纯度、面积和形状的对比，还有距离、位置的对比关系。如图6—17所示，当其中蓝色圆形与黄色远离时，对比最弱。当两色相接或被其中一色包围时，由于同时对比的作用，因而对比效果强烈。

图 6—17

6.6 色彩调和

6.6.1 概念

色彩调和即将两个或两个以上的色进行组合，使之产生谐调感。

6.6.2 色彩调和的意义

我们学习色彩调和的意义正在于使有明显差别的色彩为了构成和谐而统一的整体，所必须经过的调整，使之能自由地组织构成符合目的性的美的色彩关系。就是当你发现色彩的搭配不调和时，你用什么办法经过调整而使之调和。

6.6.3 色彩调和原理及方法

1. 同一调和构成

当两个或两个以上的色彩因差别大而非常刺激不调和的时候，增加各色的同一因素，使强烈刺激的各色逐渐缓和，增加同一的因素越多，调和感越强。同一调和主要包括以下几点。

1) 同色相调和

同一色相也只有明度和纯度上的差别，所以各色的搭配给人以简洁、爽快、单纯的美。除过分接近的明度差、纯度差及过分强烈的明度差外均能取得极强的调和效果（图 6—18）。

2) 同明度调和

同明度调和只有色相、纯度的差别，明度相同，所以除色相、纯度过分接近而模糊或互补色相之间纯度过高而不调和外，其他搭配均能取得含蓄、丰富、高雅的调和效果。

3) 同纯度调和

同纯度调和除色相差、明度差过小过分模糊，纯度过高互补色相过分刺

图 6—18

激外，均能取得审美价值很高的调和效果。

4）非彩色调和

非彩色调和指无纯度的黑、白、灰之间的调和。只表现明度的特性，除明度差别过小过分模糊不清及黑白对比过分强烈炫目外均能取得很好的调和效果。黑、白、灰与其他有彩色搭配也能取得调和感很强的色彩效果。

2. 类似调和

类似调和是两个或两个以上的近似色彩所组合成的调和。类似色的协调，因色相有微妙差距而含有共同因素的色彩组合，它可以产生柔和的色调。

3. 补色调和

互补色，人们一般是以在两色对比中求得互相增艳而突出各自的色性为目的，而对能否以互补色作为协调画面色彩的手段则容易产生怀疑，甚至认为补色绝对不能混合使用。其实事物总有它的相对性，对于互补色的相对性，其关键在于创造什么条件加以利用。使补色的强烈对比产生协调的手段的做法如下：

1）混入白色调和：在强烈刺激的色彩双方，或多方（包括色相、明度、纯度过分刺激）混入白色，使之明度提高，纯度降低，刺激力减弱。混入的白色越多调和感越强。

2）混入黑色调和：在尖锐刺激的色彩双方或多方混入黑色，使双方或多方的明度、纯度降低，对比减弱，双方混入的黑色越多，调和感越强。

3）混入同一灰色调和：在尖锐刺激的色彩双方或多方，混入同一灰色，实则为在对比色的双方或多方同时混入白色与黑色，使双方或多方的明度向该灰色靠拢，纯度降低，色相感削弱，双方或多方混入的灰色越多调和感越强。

4）混入同一原色调和：在尖锐刺激的色彩双方或多方，混入同一原色，使双方或多方的色相向混入的原色靠拢，如红与绿双方对比强烈，给人的感觉过分的刺激而不调和，如红与绿分别混入同一原色黄，使红向黄发展为橙，使绿向黄发展为黄绿，这样橙与黄绿之间的对比要比红与绿间的对比调和多了，因为它们之间有共同的黄色，所以双方或多方混入的原色越多调和感越强。

5）混入同一间色调和：混入同一间色调和实则是在强烈刺激色的双方或多方混入两原色，在增配对比双方或多方的调和感方面与混入同一原色调和的作用一样。

6）互混调和：在强烈刺激的色彩双方，使一色混入其中的另一色，如红与绿，红色不变，在绿色中混入红色，使绿色也含有红色的成分，使之增加同一性。也可以双方互混。如：在红色里混绿色，同时在绿色里混红色，使双方的色彩向对方靠拢达到调和，但在互混中要防止过灰过脏。

7）点缀同一色调和：（所谓点缀色，即在画面所占的面积小而分散的色彩。）在强烈刺激的色彩双方，共同点缀同一色彩，或者双方互为点缀，或将双方之一方的色彩点缀进另一方，都能取得一定的调和感。点缀的色彩可以是无彩色黑、白、灰，也可是有彩色，使对比强烈的色彩双方增加同一的因素，因而增加了对比强烈色彩的调和感。

8）连贯同一色调和：当对比的各个色彩过分的强烈刺激，显得十分不调和，或色彩过分的含混不清时，为了使画面达到统一调和的色彩效果，可以用黑、白、灰、金、银或同一色线加以勾勒，使之既相互连贯又相互隔离而达到统一。

例如，西方教堂的玻璃镶嵌画，用的色玻璃基本是强烈对比的原色及间色，但是给人感觉既是对比强烈辉煌而又调和，是什么原因呢？除在配色及面积的搭配得当之外，主要是由于镶嵌色玻璃的框架在逆光下成为黑色，就好像在五彩缤纷的色彩中用同一连贯黑色加以勾勒，所以才使之既强烈、辉煌又统一和谐。

在配色的实践中，互补色的搭配是最为重要的，因为互补色的搭配可满足视觉的生理平衡及心理满足，达到相互完结，因此互补色的搭配有很高的心理价值和审美价值，但是互补色的调和是最困难的，总观色彩调和的所有方法，其主要都是为了处理好互补色的关系而采用的。特别是强烈的互补色，如红与绿、黄与紫、蓝与橙，如果这三组互补色处理调和，那么其他色彩之间的调和关系就会迎刃而解了。

通过以上色彩调和的研究，可以说色彩的调和是一个非常复杂的综合性问题，在色彩对比的所有形式中，同样受调和的约束，只不过是以差别为主，所以色彩的对比实则是以对比为主的调和。研究对比和调和之目的，实则是研究色彩的搭配，即构成。也就是说只有调和的，符合目的的色彩搭配，才是美的色彩关系，从而取得良好的色彩效果。这就是学习研究色彩构成的目的。

6.7 色彩心理

色彩的最主要的功能就是影响人的知觉、思想、感情及行动，即影响人的心理。

6.7.1　色彩的感情效果

色彩给人带来各种各样的想象、联想与回忆，使人们产生各种各样的感情、心境与情趣、感情的产生，主要决定于观者的主观心理，由他的地位、经历、环境、偏好和个性决定的。

1. 兴奋色与沉静色

能使人感觉鼓舞的色彩称之为积极兴奋的色彩（例如节日宴会厅的色彩设计）。不能使人兴奋，使人消沉或感伤的色彩称之为消极性的沉静色彩（例如冷食店的色彩设计）。

红、橙、黄的纯色能引起兴奋感，蓝绿色与蓝色给人以沉静感，如果降纯（加黑、白、灰、补色）兴奋性将减低，沉静色也是如此，以至达到相反的效果。

2. 前进色和收缩色

当两个以上的同形同面积的不同色彩，在相同的背景衬托下，给人的感觉是不一样的。如在白背景衬托下的红色与蓝色，红色感觉比蓝色离人近，而且比蓝色大。当白色与黑色在灰背景的衬托下，会感觉白色比黑色离人近，而且比黑色大。在色彩的比较中给人以比实际距离近的色彩叫前进色，给人以比实际距离远的色叫后退色。给人感觉比实际大的色彩叫膨胀色，给人以比实际小的色彩叫收缩色。

1）色相方面

长波长的色相：红、橙、黄给人以前进膨胀的感觉，短波长的色相：蓝、蓝绿、蓝紫有后退收缩的感觉。

2）明度

一般情况，明度高而亮的色彩有前进或膨胀的感觉，明度低而黑暗的色彩有后退、收缩的感觉，但也由于背景的变化给人的感觉也产生变化。

3）纯度

高纯度的鲜艳色彩有前进与膨胀的感觉，低纯度的灰浊色彩有后退与收缩的感觉，并为明度的高低所左右。

3. 轻色与重色

影响色彩轻重感觉的因素主要有：

1）明度

决定色彩轻重感觉的主要因素是明度，即明度高的色彩感觉轻，明度低的色彩感觉重。人们穿衣服时，如上衣颜色较深，下衣颜色较浅，则有活泼、动感，反之，则有稳重之感。

2）纯度

在同明度、同色相条件下，纯度高的感觉轻，纯度低的感觉重。

3）色相

从色相方面色彩给人的轻重感觉为，暖色黄、橙、红给人的感觉轻，冷色蓝、蓝绿、蓝紫给人的感觉重。

４．物体的质感

物体的质感对色彩的轻重感觉带来的影响是不容忽视的，物体有光泽，质感细密，坚硬给人以重的感觉，而物体表面结构松软，给人的感觉就轻。

５．色彩的软硬感觉

凡感觉轻的色彩给人的感觉均软而有膨胀的感觉。凡是感觉重的色彩给人的感觉均硬而有收缩的感觉。

６．华丽色与朴素色

影响色彩华丽与朴素感觉的因素主要有：

１）色相：暖色给人的感觉华丽，而冷色给人的感觉朴素。

２）明度：明度高的色彩给人的感觉华丽，而明度低的色彩给人的感觉朴素。

３）纯度：纯度高的色彩给人的感觉华丽，而纯度低的色彩给人的感觉朴素。

４）质感：质地细密而有光泽的给人以华丽的感觉，而质地酥松，无光泽的给人以朴素的感觉。

７．积极色和消极色

不同的色彩刺激产生不同的情绪反射，能使人感觉鼓舞的色彩称之为积极色，而不能使人兴奋，使人消沉或感伤的色彩称之为消极色。影响因素主要有：

１）色相：影响最大，红、橙、黄等暖色，是最令人兴奋的积极的色彩，而蓝、蓝紫、蓝绿等给人的感觉沉静而消极。

２）纯度：不论暖色与冷色，高纯度的色彩比低纯度的色彩刺激性强而给人的感觉积极。其顺序为高纯度、中纯度、低纯度，暖色则随着纯度的降低而逐渐消沉，最后接近或变为无彩色而为明度条件所左右。

３）明度：同纯度的不同明度，一般为明度高的色彩比明度低的色彩刺激性大。低纯度、低明度的色彩是属于沉静的，而无彩色中低明度一般则最为消极。

在应用色彩方面，根据各色彩的特点，而合理地运用均能取得理想的效果。活泼色明度高，忧郁色明度低。房间的光线好，人们便心情舒畅，而光线不好，黑沉沉的，则容易使人感到忧郁。如冷食店的色彩设计，就应多用消极而沉静的冷色，蓝、蓝绿、蓝紫等。因为在炎热的夏季，阳光似火，当看到冷色，心理马上感到凉爽了许多。这样的用色一定能取得理想的效果。

6.7.2　色彩的联想与象征

看色彩时常常想起以前与该色相联系的色彩，这种因某种机会而仍然出现的色彩，称之为色彩的联想。色彩的联想是通过过去的经验、记忆或知识而取得的：

１．色彩的联想：可分为具体的联想与抽象的联想。

１）具体的联想

红色：可联想到火、血、太阳……

橙色：可联想到灯光、柑橘、秋叶……

黄色：可联想到光、柠檬、迎春花……

绿色：可联想到草地、树叶、禾苗……

蓝色：可联想到大海、天空、水……

紫色：可联想到丁香花、葡萄、茄子……

黑色：可联想到夜晚、煤炭……

白色：可联想到白云、白糖、面粉……

灰色：可联想到乌云、草木灰、树皮……

2）抽象的联想

红色：可联想到热情……

橙色：可联想到温暖……

黄色：可联想到光明……

绿色：可联想到和平……

蓝色：可联想到平静……

紫色：可联想到优雅……

黑色：可联想到严肃、恐怖、死亡……

白色：可联想到纯洁、神圣、光明……

灰色：可联想到平凡、失意、谦逊……

2. 色彩的象征

这些色彩的联想经多次反复，几乎固定了它们专有的表情，于是该色就变成了该事物的象征。

1）红色

红是火的色彩，表示热情奔放。在我国喜庆的日子也喜欢用红色。因此红色象征着喜庆、热情、幸福……

2）黄色

黄色象征日光，如金色的太阳。在我国过去是帝王色彩，尤其是在清朝，一般人是不许用的，在古代的罗马也被作为高贵的色彩。在自然界秋天的色彩是黄色的，因此黄色又代表着金秋。

3）蓝色

蓝色是幸福色，表示希望，在西方表示名门血统，因此蓝色是身份高贵的象征。不过相反，蓝色有时也有消极的含义，所谓"蓝色的音乐"实质就是"悲伤的音乐"。

4）绿色

绿色正好是大自然草木的颜色，所以绿色意味着自然、生命、生长，同时绿色也象征着和平。在交通信号中又象征着前进与安全。但在西方绿色又意味着嫉妒、恶魔。

5）紫色

紫色是高贵庄重的色彩，在西方希腊时代，紫色作为国王的服装色使用。

6）白色

白色意味着纯粹和洁白，印度的所谓白牛和白象都是吉祥和神圣的象征。

但是白色在我国又象征着死亡、投降等。

7）黑色

黑色象征着黑暗、沉默、地狱等。但黑色也给人以深沉、庄重、刚直的感觉。

3．色彩联想与象征实例

1）用颜色表示春夏秋冬

春——朦胧、亮、对比弱、柔和，比如：桃红、嫩绿、淡黄、浅清、浅桃红

夏——对比强、清晰、黄强光、橙黄光、明亮刺目，朱红、橙色、浓郁的绿色、深灰色、艳蓝、深紫

秋——金黄褐调子、干燥、碧空万里，低明度，含灰的橙色，成熟谷物的金黄、土黄、灰黄、黄绿

冬——黄褐调，对比不强、青灰、亮调，青紫、青冷灰调、亮调、冰冷的蓝青色

2）用颜色表示酸甜苦辣

酸——尖锐的不调和，柠檬黄、生绿为主，附加紫色

甜——协调、透明、柔和、朦胧、暖、黏稠、鲜红、粉红、桃红、奶黄色、橘红黄

苦——土黄绿、褐、褐绿、黑黄、灰黄

辣——大红、大绿对比强烈，火爆刺激

3）用颜色表示早午晚夜

早——朦胧、天空青蓝、太阳呈玫红、浅朱红、淡糅、偏青冷、树色蓝绿、浅

午——对比强烈，较多的黄白光，没有纯艳之色，与夏相仿

晚——橙绿调子、红橙、冷青灰、较暗的熟色、玫紫、红色

夜——月光冷黄色、青蓝色、黑蓝绿色

4）用颜色表示喜怒哀乐

喜——红橙调子、柔和

怒——激动、热烈红、白、黑、冷青灰、对比强

哀——冷灰调、黑、青、蓝、低橙纯、土黄褐、低纯绿

乐——兴奋、明快、对比稍强，鲜艳的红、橙、黄

6.8　色彩的采集、重构

色彩的采集、重构，是从一切可以借鉴的素材（大自然、传统艺术、民间艺术、现代艺术等，包括照片、图片、绘画、雕塑、民间美术、自然物等）中的色彩进行借用和采纳，以色彩构成的设计要求和形式法则，对所采得的人工和自然色彩视觉平面信息进行理性和逻辑性的简化、平面归纳，以求得理想化的、有形式美感和设计意图的重构色彩图形。其训练的实质，是拓宽

和丰富设计色彩思路的手段，最终达到对色彩再创制的目的。

6.8.1 自然色彩的采集

借鉴大自然的色彩，可以说取之不尽、用之不竭。它造就了丰富的视觉和谐空间。"一叶知秋"，如果将落叶的颜色用于色彩构成或设计色彩，可以得到一系列秋季色调的色彩配置。所以，师法自然，从中获取创意启示和灵感，古往今来，无一例外。

对自然物的采集主要可以从几个方面获取：

1. 动物、植物及一切有生命的物种表色，如：树皮色、树叶色、动物色，如春花、秋叶、夏荷、秋菊、绿柳、红杏、冬梅、黄鹂、鹦鹉、鸡、鹅、鸭、黄蜂、彩蝶、虎豹、猫犬、鱼贝。

2. 大海、岩石、沙漠等物质的表色。

空间或宇宙的色彩，如：蓝天绿水、青山、草原、沙漠、碧海、朝霞、夕阳、彩虹、白云、冰霜雨露雪等。

6.8.2 人工色彩的采集

人类享受自然色彩赐予的取之不尽的视觉资源，同时也创造了并不断地在创造具有人文精神和审美价值的人工色彩，并努力使二者和谐并存。现有的人工色彩信息资料同为色彩设计的创新带来无限的可能性。通过电脑、电视、电影屏幕，观看体育比赛、美术作品展览、话剧、音乐会，街头广告、报贴、摄影、出游、图书、画册、生活照片等不同的视觉空间和途径，均能以独特的视角和方式，获得色彩的原始素材和第一手色彩信息资料（图6-19）。

图6-19

6.8.3　西方近现代艺术作品（绘画）的采集、重构

　　西方近现代艺术作品色彩的采集、重构主要从世界著名的绘画作品中选择，尤其是近现代艺术，如毕加索、米开朗基罗、梵高、塞尚等画家的作品，有的作品本身已经具备现代构成的因素和设计理念，具有借鉴和再创造的价值，如蒙特里安、康定斯基、克利等。这些画家均对色彩有独立的研究和建树。借用和重构他们艺术作品的色彩，重在拓展自己的思维和创意，寻求新的角度和新的色彩图形。

6.8.4　中国传统艺术色彩的采集、重构

　　向传统、现代绘画、工艺美术借鉴，向各国古今装饰画色彩借鉴。我国的敦煌艺术、木版年画、点染剪纸、泥玩具、刺绣、织锦、陶瓷器、漆器等，国外的绘画，特别是现代派的绘画，装饰画、古今壁画、镶嵌画以及工艺等，都有丰富的色彩，可资借鉴（图6-20）。

6.8.5　姐妹艺术的采集、重构

　　向姐妹艺术借鉴如戏曲、音乐，京剧脸谱、京剧的激昂、越剧的缠绵以及音乐中的激昂慷慨、庄严肃穆、轻松活泼、悲哀幽怨都可以给色彩的创造以启发，通过联觉（通感，共感）而在彩色领域里找出相应的色彩来。

　　文学作品对色彩的描写甚丰，通过联想、再造想象，可以创造出色彩来。例如"接天莲叶无穷碧（青绿色），映日荷花别样红"是一幅绿色主调中点缀着阳光下的红色荷花的对比色配色画面。"江碧鸟逾白，山青花欲燃"道出了碧、白、青、红赭色，"燃"不仅暗示了红色而且有光彩夺目感。"绿肥红瘦"则更有意义，用"肥"字表示高彩度，用"瘦"字表示低彩度。

6.8.6　中国民间艺术色彩的采集、重构

　　中国民间艺术品可谓浩如烟海，源远流长，

图6-20

广泛流传于民间百姓之中，当以单纯的色彩，强烈的对比，稚朴原始的造型，无拘无束的形式和纯真质朴的情感表达见长，是色彩构成的绝好素材，而且选取的途径较方便、多样。像民间剪纸、年画（含木版年画）、刺绣、皮影、蓝印花布、布老虎、贵州傩面具、民窑的陶瓷等，其色彩搭配给人一种新奇、刺激、独有的魅力。令人眼花缭乱，美不胜收。

6.9 作业 12——色环练习

6.9.1 作业要求

使用绘图笔与尺规与水粉颜料，绘制 24 色色环于 250mm×300mm 白色卡纸上。

6.9.2 评分标准

色彩构成练习评分标准（总分100分）				
序号	阶段	总分	分数控制体系	分项分值
1	概念	20	准确体现色彩构成概念	10
2			内容和形式结合良好	10
3	创意	20	线条流畅，图形创意性强	10
4			主题突出	10
5	色彩	30	色彩关系协调	10
6			色彩层次的表现能力较强	10
7			反映视觉关系的形式法则	10
8	画面效果	30	绘制精致细腻	10
9			画面干净整洁	10
10			绘图工具颜料技法运用熟练	10

6.9.3 作业与评语（图 6-21）

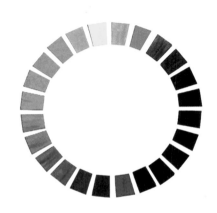

图 6-21

评语：该学生较好地领悟了色彩的科学内涵及其色彩规律，色彩层次的表现能力突出，色阶过渡自然，层次分明，图面整洁美观。

6.10 作业13——色彩对比练习

6.10.1 作业要求

1. 用色彩表现相关的系列主题，四张为一组，使用绘图笔、尺规与水粉颜料，按要求绘图于250mm×250mm白色卡纸上。

2. 综合运用明度对比、色相对比、纯度对比、冷暖对比、同时对比、面积对比进行色彩配色构成。画面规格250mm×250mm，版面尺寸393mm×364mm。

6.10.2 评分标准

见前表。

6.10.3 作业与评语（图6-22、图6-23）

图6-22（左）
图6-23（右）

评语：

图6-22：该学生巧妙运用红绿黑白两对互补色，结合面积对比手法，视觉冲击力较强，主题构思生动有趣，绘制较为细腻。

图6-23：该学生四幅画面均运用红蓝黄黑四色，整体色彩关系协调稳定。图形设计主题突出，相互呼应，线条流畅，内容与形式结合较好。

6.11 作业 14——色彩采集练习

6.11.1 作业要求

1. 使用绘图笔与尺规与水粉颜料，按要求绘图于 250mm×250mm 白色卡纸上

2. 结合自然色彩启发构成、人工色彩启发构成传统色彩启发构成，任选一个，要求有抽象联想的装饰效果，画面规格 250mm×250mm，版面尺寸 393mm×364mm。设计说明 40 字以内，说明由哪一种生活现象启发创作而成。

6.11.2 评分标准

见 6.9.2。

6.11.3 作业与评语（图 6-24、图 6-25）

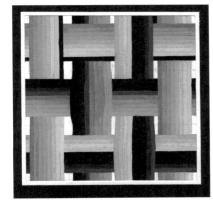

图 6-24（左）
图 6-25（右）

评语：

图 6-24：该学生巧妙运用色彩体现纺织品纤维肌理特征，结合色相推移明暗关系对比，使画面富于立体感，层次分明，图面效果整洁工整。

图 6-25：该学生从大自然中借色，体现春花烂漫在蓝天下盛开的景象。巧妙运用色相推移手法，色彩层次过渡自然，绘制较为细腻。

模块七 材质与肌理

教学目的：了解不同材质的特性与关系

掌握不同材质之间的组合、搭配的方式与方法

熟悉肌理的构成，掌握同种材质不同的肌理构成方式

所需理论：见第 7 章

作业形式：使用纸、木片、塑料、金属等不同材质来表达，并使用同种材质表现不同肌理效果。

作业内容：点、面构成练习，重复、韵律练习，变化、变异练习

所需课时：16

评分体系：见第 7 章

作业 15　绘画肌理制作练习

作业要求：依据一定肌理设计，用不同制作方法表达

训练课时：8 ~ 12

范例与评语：见第 7 章

作业 16　触觉肌理制作练习

作业要求：依据一定肌理设计，用不同材料予以表达

训练课时：8 ~ 12

范例与评语：见第 7 章

作业 17　材质认知练习

作业要求：以纸材为主，用不同方法做不同肌理处理

训练课时：8 ~ 12

范例与评语：见第 7 章

7

第 7 章　材质与肌理

7.1 材质

7.1.1 材质的认识与体验

1. 材质的概念

材质（Material），在现代艺术创作中指的是世间一切存在的事物。比如，石头、木材、金属、花草、流水、纤维、毛发、灯光、空间等。这是一个开放自由、多元变化的概念。

材质最终不是代表材质本身，材质的意义在人类的发现和创造中得以显现，在研究和开发中得以升华。材质的背后是技术的发展与时代的进步，是人类智慧的集中体现（图7-1）。

2. 材质的种类

我们对材质的范围有所界定之后，应从材质本体语言在现代艺术设计创作中的应用这个层面出发，对其进行大致的归类和划分，以确立我们在本课程中研究的基础。

我们对材质大致分为三类：自然材质（原生材质），工业材质，综合材质和现成品材质。

1）自然材质

自然材质是指天然形成的，非人为加工的材质，如木材，石材，黏土等。用自然材质创作的作品给人以质朴的亲切感。特别是在高度文明的社会里，自然材质有着极强的亲和力，使人感到温馨和舒适。

（1）自然材质——石（图7-2）

图7-1（左）
图7-2（右）

功能性：建筑材质，用于铺路，建房，装饰等。

美学性：冰冷－冷酷，坚硬－坚毅等。

非常规性：如石粉，石管，石板砖等。

（2）自然材质——黏土（图7-3）

（3）自然材质——木（图7-4）

2）工业材质

工业材质通常指非自然的，人工合成的原材质，包括金属、无机非金属、

图 7-3（左）
图 7-4（右）

有机、复合等多种类型功能性材质。它是多学科、多种新技术和新工艺交叉融合的产物。

在现代艺术设计创作中，通常使用的材质有各类纸材质，金属材质，玻璃材质，塑料等。

（1）工业材质——玻璃材质（图 7-5）

功能性：如窗户，器皿，工艺品等。

美学性：透明－可窥视，易碎－脆弱，边缘锋利－自我保护，破坏性。

（2）工业材质——纸材质（图 7-6）

图 7-5（左）
图 7-6（右）

（3）工业材质——金属材质（图 7-7）

3）综合材质及现成品材质

在现代艺术设计创作中，综合材质的运用相当普遍，因为这样能充分运用材料之间的关系，或对比，或和谐，使材质效应大大增强。

现成品指那些经过人为加工制作的产品。使用现成品和其他材质不同，现成品更能唤起观者的记忆和经验。因为观者对这些特殊的材质更了解，很容易被他们感染。图 7-8 为鹅卵石与螺纹钢的对话，表现禁锢与反抗的矛盾。图 7-9 为毕加索著名的"牛头"，将废旧的自行车车把，车座重新组合成一个公牛头。

我们注重研究材质的物理存在属性，通过各种加工手段使其发生变化。并以一定规则将他们进行重组，使之具有美感。本阶段的练习主要将材质的研究

图 7-7（左）
图 7-8（中）
图 7-9（右）

放在二维空间之内，所以，在组织材质的时候应该遵循平面构成的法则。其构成法则主要有重复，近似，渐变，特异，发射，旋转等。生活中，材质无处不在，只要用心观察，发现，通过有意识的设计，都能出现独特的美感（图 7-10）。

单一的材质，通过一些造型手段，进行重组，能表现出多种造型形式（图 7-11）。

图 7-10（左）
图 7-11（右）

纸张不同的形态组合，呈现出不同的视觉感受。如：短促的有序，流畅等（图 7-12）。

纸张在平面中的不同表现形式（图 7-13）。

纸张在立体形态中的不同表现形式（图 7-14）。

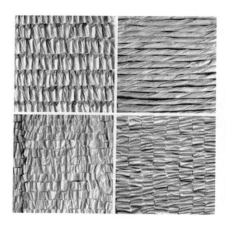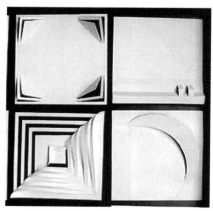

图 7-12（左）
图 7-13（右）

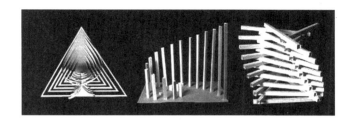

图 7-14

7.1.2 材质的组合与表情

在实际创作和运用中材质并不是单一出现的，而是几种材质的组合呈现出不一样的视觉效果，也能给人不同的心理传达。

1. 情感的概念

情感是人们对客观事物所持的态度中产生的一种主观体验，分为感知性情感和社会伦理性情感。而感知性情感又分为主观和客观。艺术表现就是将情感概念通过可视、可听形式呈现给人们欣赏。

2. 材质作品的组合方式

1）多种材质的组合（图 7-15）

材质的选择：石膏玻璃瓶。

组合方式：借助玻璃瓶的形来体现两种材质的特点。

表情：

（1）玻璃的光滑、脆硬、透明、锋利

（2）石膏的细腻、粗糙、不透明

（3）破坏、易分裂

2）对现成品的材质置换

将我们常见的物体转换其固有的材质呈现出不一样的效果。材质的运用不是凭空的，必须依附于具体的形和体（图 7-16）。

图 7-15（左）
图 7-16（右）

现成品：箱子

材质替换品：树脂、花瓣

分析：箱子外形不变，抛弃惯有的皮革、木材等材质，用透明树脂和花瓣将其转换。使作品传达出封闭、高雅、可窥视的表情。

7.2 肌理

7.2.1 肌理的认识与体验

1. 肌理的概念

肌理通常指对物体表面纹理的感觉。在现代设计中，肌理是呈现物象的质感，塑造和渲染形态的重要视觉要素。在许多时候是作为被设计物材料的处理手段，以体现设计物的品质与材料的风格，并作为被人们接受的特定样式及成为时尚的因素。肌理概念，作为一种对自然物象观察方法的定位，将对物象的基质认识起到强化作用，它诱惑人们用视觉或用心去体验、去触摸，物象与视觉产生亲近感和视觉上的快感。我们观察肌理，有助于形态的认识、理解、表现与再创造，有助于深刻地认识形式语言的意义与作用。

例子：现代主义建筑师在建筑的清水混凝土表层蓄意留下木质模板的印痕。木条外形构成的秩序与错落，与木质肌理的纹路，在外立面留下清晰粗犷的自然肌理。于是冷峻的混凝土获得了具有亲切感的木质感觉。而在日常中，这样的设计表象有许许多多。

2. 肌理的种类

1) 肌理的表现形式十分多样

(1) 从触觉形式看：显形肌理（表现强烈）、隐性肌理（表现微弱）

(2) 从视觉形式看：点状肌理、线状肌理、面状肌理、彩色肌理、非彩色肌理

(3) 从形态形式看：自然形态肌理、人为形态肌理

(4) 从秩序形式看：规则形态肌理、不规则形态肌理

另外，物象的硬与软，厚与薄，透明与不透明及其味觉，嗅觉等。都对肌理的形式产生直接的影响。

肌理研究的核心问题。是将直接的触觉经验有秩序地转化为形式的表现。以往，我们的训练不重视对物象的触觉经验，使学生缺乏直接的感性认识而过分依赖技法上的模仿。而现代设计的要求无疑对材料的直接感知十分重视。

2) 就肌理的性质及形式发展的逻辑，我们可以从真实肌理，模拟肌理，抽象肌理，象征肌理等方面及秩序来进行演化与发展。

(1) 真实肌理

对物象本身的表面纹理的感知。可以通过手的触摸实际感觉到材料表面的特性。如光滑或粗糙，绵软或坚硬，温暖或冰冷等。

我们可以通过"视觉触摸"来获得对物象材质的感觉经验，而这些感觉经验可以用摄影、文字进行记录与整理。

(2) 模拟肌理

再现在平面上的形式写实。它着重提供肌理的视错觉与某种幻想。我们通过观察来"触摸"物象的表面。通过素描色彩表现"质感"。达到以假乱真

的模拟效果。

肌理的模仿是艺术表现形式的追求。

如：(a) 古典油画中的表现水果、金属、皮肤的厚堆、罩染技法等。

(b) 中国山水画中表现山石体貌的各种皴法（披麻皴、斧劈皴）等。

(c) 原始陶器制作中，表面以草麻织物或竹柳编织物压制印纹。

(d) 追求瓷器烧制时密度产生的裂纹的工艺效果。

(3) 抽象肌理

是对模拟肌理的图案化，是对物象的抽象表达。常显示出原有的表面肌理特征。但又可根据特定要求做适当调整处理，使其清晰化。它关注与物象表面特定的纹理图案，步入符号化，它的构成主要取决于材料表面的纹理特征。

这种象征性的材料表达方式，广泛用于建筑设计中，常在设计图中运用简单图案而不花时间在复杂的模拟质感表现上。另外，在平面设计中起到丰富与变化的作用。当我们从构成的角度看一幅构图时，抽象肌理可以用来强调或减弱某些局部，成为一种有效的构成手法（图 7-17）。

(4) 象征性的肌理

纯粹表现一种纹理秩序。是肌理的扩展与转移，与材料质感没有直接关系。它要求人们在进行任何一种视觉艺术创造的同时，在形式中要构建强烈的肌理意识。

如：山川地貌的等高线及一系列符号。如城市地图中疏密有秩的街道和街区所构成的圆形等，都可被视为某种肌理（图 7-18）。

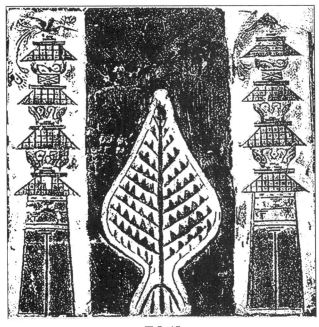

图 7-17

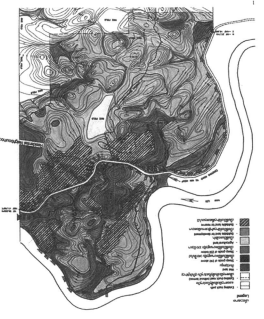

图 7-18

7.2.2 肌理的组合与表情

从本质来看，肌理应该是一种有秩序的形式结构。从大量物质肌理的现实分析来看，大部分的肌理是具有某种秩序的，形式上有着某种规律性。比如，有些在整体上显示着由比例关系而体现的节奏感，有着类似渐变的视觉效果；有些又在形态上与色彩上显现出由对比关系而产生的视觉张力。在自然现象中，充满了美的形式，如冬天的雪花，结构形式很多，但基本上都是发散、放射性的，是一种图案美。所以说，自然中的肌理是美的。正因为肌理具有这种现实的审美价值，才会被运用为装饰的一种方法。

肌理的审美价值集中体现在以下四个方面：一是表情的丰富性，使人产生联想。二是结构上的逻辑性和形式感。三是色彩的自然美与内在的和谐性。四是由肌理所传达的物质信息，具有对事物的判断意义。

人工的物质肌理是美的形式的集中体现，是人们对自然肌理的一种理性的整理，所以，在那些人工所创造的肌理上有着更强烈的视觉冲击力。

另外，一种肌理通过观察与通过触摸的结果在感觉中是不一样的。通过观察而获得的肌理印象肯定是整体的，但却是表面的；而另一种通过材料构成的肌理，由于在光影的作用下能产生不同的视觉效果，并能通过触摸产生物质的、更丰富的心理感受。肌理，不管是材质所产生的，还是手工所绘制的，都具有一种秩序美、材质美、色彩美、比例美、对比美与和谐美。

在肌理的审美中，很重要的一个因素是肌理所存在的形式，在前面平面构成章节中所涉及的各种平面形式，往往成为支撑肌理的骨架，直接决定了肌理整体的视觉，所以是审美的主要内容。设计好肌理的骨架就是处理好骨架的形式感，其中包括对色彩基调的和谐、肌理形态的虚实、单元形态的量比、空间的层次丰富性、形态的可触摸程度等做出合宜的设计处理。

7.2.3 肌理的运用与表现

1. 绘画肌理的制作

绘画性肌理从感知的方法来说是属于视觉感知的肌理，是平面肌理，虽然在视觉上有时能产生三维的视觉和一定的触觉，但仍属于非物质性的空间。

平面肌理的制作要把握住必要的视觉元素，进行合乎逻辑的组合，就能创造出好的肌理视觉效果。所以，肌理构成的原理应该包括模仿、借用、重新组合、理念创造。就制作的手段而言，可以分为徒手描绘、依靠工具制作以及混合制作法。

1）拓印法

即将物质表面的真实肌理通过各种方法转移到实用的画面上来，其原理同版画，碑帖拓印的制作方法相仿（图7-19）。

有直拓法、揉皱拓法、重叠拓法、压印法、漂浮拓印法、擦印法等。

2）喷绘法

用工具或器械将颜色喷洒在画面上，通过疏与密的变化、颜色的变化以及颗粒大小的变化，使画面产生出审美的变化来。喷绘的工具可以用喷笔和其他可以代替的吹喷工具。

3）溅滴法

让液状颜料从高处滴甩下来，落到纸上溅开，这是此类肌理的制作方法。通常，颜色在纸上留下的视觉效果具有喷与拓所无法体现的力度，从而表现出一定的感情色彩。有滴溅法、甩溅法、泼溅法、磕溅法等。

将含有颜色的笔磕在另一工具上，颜色由于磕碰而溅落下去，随着磕碰力的大小而改变落点的大小和多少，在画面上体现肌理的效果（图7-20）。

4）流淌法

让颜色在画面中通过自流、干预流动和吹流，产生理想的肌理画面。控制颜色的流动方向是肌理画面成功与否的关键（图7-21）。可以通过控制纸的倾斜角度来控制颜色流动的速度，也可以通过控制色源量的大小来调节流动色线的粗细，或者通过控制颜色的浓度来体现画面效果。有自流法、干预流法、吹流法等。

5）挤压法

将颜色滴落在玻璃板上，或在玻璃上对颜色先作出必要的安排，然后再用另一块玻璃压上去，或作适当的拉动，在玻璃上就制造出丰富的肌理来（图7-22）。将画面纸覆于其上，用拓印法将肌理拓印下来，就产生出一定的肌理画面。或者先在一块玻璃上作好肌理安排后，直接用画面纸拓下肌理，这就是挤压法。有平压法、挤压并拉动法、多次挤压法等。

6）熏灸法

使用热源材料将画面纸进行熏灸，产生出肌理纹样。常用的热源材料主要有烙铁（包括电烙铁、火烙铁）、蚊香、卫生香、打火机、香烟等。熏灸的方法有熏边成形、烙图、火烧后成形、烟熏成图等。无论何种方法，都是通过火与烟使画面产生不同的颜色层次，或由燃烧的残痕产生特殊的美感。根据需要可以直接用报纸、木材或其他易燃材料，使画面产生其本身肌理与熏灸后的肌理相混合的视觉效果（图7-23）。

7）拼贴法

这是人们从孩提时代就学会的一种方法，用各种不同的材料拼贴在画面上，由各种材料本身所带来的肌理交叠在一起，真实的、可触摸得到的、多样化的视觉，给审美带来新意。如果加上调节光源的辅助作用，效果就会更理想。可以用于拼贴的材料是很多的，布料、木片、刨花、卷铅笔产

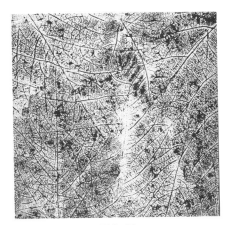

图7-19

图7-20

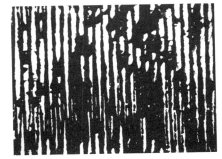

图7-21

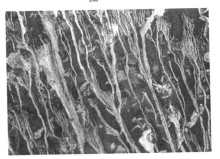

图7-22

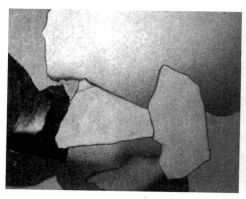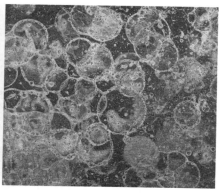

图 7-23（左）
图 7-24（右）

生的木屑、花瓣、绳子、金银丝、各类纸等，所能产生的肌理效果完全在于如何拼贴。

8）留白浸色法

用多次预留空白处来产生画面的变化，预留空白的方法可以用预贴留白、矾水遮挡等方法，每留一次白，均将画面浸入预定的颜色中，使画面中预留的地方产生不同的色差变化。也可以用矾水先在画面上画出需要的肌理来。如果使用不同颜色的纸张，留白处就是有基色的，可以和浸色后的底色产生很好的配合效果（图 7-24）。

制作肌理的方法还有很多，随着科学技术的发展，可以利用许多高科技的手段来制作肌理，例如，利用电脑和多次曝光的摄影技术，利用手工制作与后期电脑制作相结合的方法等。

2．触觉肌理的制作

1）材料的自然肌理特性与利用

触觉肌理是一种能通过触觉来体验肌理特性的制作，肌理面就必然是凹凸不平的，而凹凸不平的表面既可以通过光影来体现其形式的变化与感染力，又能满足人对于物质的另一感知方式的追求。材料的色彩和自然纹理也是一种应利用的因素。但应该清晰地意识到，肌理的利用和创造只是一种手段，并不在于它的直接触觉体验，而是在于视觉上的心理体验发展，由材料所构成的新的形式结构和与之产生的审美愉悦，以及人为的艺术语言构成。

对于肌理面的感受差异处理是触觉肌理设计的主要手段，但当我们对自然材料进行选择时，就应该更多地注意到材料表面的触觉性所带来的不同审美心理感受，并重视材料的属性。由于偶然性的形态具有不可重复的审美价值，因此能与规律性的重复产生互补的作用。

2）对于材料加工制作的考虑

当一种材料用作肌理构成，它就应该脱离材料本身的属性，成为新的造型的一部分，这种变化要依赖于加工和组装。在加工和组装中，人作为创造主体，正体现了人本身为实现自身价值而作出的努力。这是人的意志在加工过程中的体现。

首先是人们对于材料的选择，物质材料很丰富，但并不是所有的材料拿来就可以用作构成的。只有那些适合构成形态的整体审美需求的材料才应予以利用，不合审美要求的就宁可不用。有些材料要先进行体量加工，太大的，要进行切割；太小的，要进行组合。另有些材料在形态上要先行加工成半成品，才能作为构件进入组合。在材料的组接上，还应将组接方法与组接配件考虑清楚。

　　在材料的加工与制作上，主要有以下一些方法：

　　（1）折叠式

　　这种方法主要用于面材的加工。在一张平面的薄材上，不经过切割，而是通过折曲或反复折曲形成瓦楞状，使平面产生凹凸不平的有规律的触感。

　　瓦楞的形态可有各种变化，既有直线折，又有曲线折。在直线折中，有蛇腹折，在光线的作用下有很好的体量感。有并列的金字塔形，能产生很强的节奏感。在曲线折中有时能根据需要，压出不同的曲面来。折曲还有不同的造型方法，产生渐变等形式效果。大部分的折叠法用于大面积的背景效果（图7-25）。

　　（2）堆积式

　　大多用于小的颗粒状的或细线的局部面积堆积。小的颗粒可运用几何形与非几何形，一粒小的彩色的药丸、一颗白石子，都能以一定的数量堆积在一起，形成面积，构成势态，从而产生视觉上和触觉上的心理感受（图7-26）。

　　（3）雕琢式

　　在木材上雕出花纹，在石材上琢出纹理，是一种很古老的工艺技术。随着科学技术的发展，雕琢的手法越来越多，雕琢的工艺也越来越先进。现在的微型雕刻机与电脑相配合，使雕刻的效果达到神工鬼斧的程度。无论是刻出纹样来，还是压出纹样来，无论是镂空还是面雕，都是从物质表面的视觉出发的，可以有效地改变物质的本来属性，而着意地体现出人为的痕迹来（图7-27）。

　　（4）镶嵌式

　　镶嵌是一种材料的组合形式，其最大的效果是对比的视觉差异。镶嵌可

图7-25（左）
图7-26（右）

以有材质上的考虑，色泽上的考虑，造型上的考虑。例如将大米作底，用赤豆镶嵌在大米里，既有体量上的对比，又有色泽上的差异。将线状的形与点状的形镶嵌在一起，一定是能彼此之间显现得更清楚一些。将透明的和半透明的形镶嵌在一起，将明显增加画面的视觉层次。将贵重的物质镶嵌在一般的物质上，会提升整个形态的价值。

（5）粘贴式

将不同的材料和不同的面积有组织地粘合在一起，形成材料的叠加，产生新的形态、新的材料结构，这是材料的再创造。粘贴能充分利用原有的材料特性，原来的肌理特征，将不同的视觉融为一体，改变高度，改变色泽，产生对比度。例如，将金属钵纸、有机玻璃的薄片、半透明的硫酸纸片，以及有着文字的广告纸，切割成大小不等的小方块和长方形，按一定的面积比粘合起来，使其中的一部分相叠，感觉上一定不错（图 7-28）。

（6）组装式

将呈现触觉肌理面貌的自然物种置入有形或无形的框架中，这就是组装。组装的特点是将相异的文化符号通过一定的背景，自然地融合在一起，将文化符号在画面上组成新的语言。

（7）改形式

在原来的材料上，通过腐蚀、打击、挤压、烧炙，来改变物质的原有形态，使表面产生新的有审美意义的肌理。

（8）塑造法

运用可塑的材料，如石膏、水泥、塑形膏等，在物质的表面塑造出一定的肌理触感。

（9）编织式

用线状材料和带状材料编织成形态，构成肌理的一部分。可运用的材料很多，不同的线材有绒线、尼龙线、塑料线等，既能构成图案式的肌理，又能构成一定形态的骨骼线。

3. 对构成材料肌理形式的考虑

1）材料的形式构成

不同的材料特性具有不一样的构成限定，点状、线状和面状的材料一般都有形成构成语言的特性和限定性，在利用形态和材料时应给予充分的注意。例如，点状的形态更有效的作用是表明位置，调节平衡；线状的形态有利于轮廓的塑造和安排骨骼线，也能以缠绕形成形态，比较容易构成曲线状形态。

2）材料的结构设计

材料的结构设计主要是注重形式的创意，这在平面构成篇中已作过说明，即在均衡、重复、渐变、发射、变异、对比、疏密等方面做充分的考虑。另外，要利用材料的可触觉性，寻求与平面构成不同的新感受。由于肌理构成的结构允许叠合，材料的穿插与层面上的考虑也不可忽略。

3）材料的色彩处理与光影处理

肌理构成是一种整体形象的塑造，色彩的视觉效果是整体效果的主体之一，要形成一定的色彩调子，要与材质语言有机地配合。而且，运用光影的变化塑造多变的心理感受，是增加肌理美感的方法之一。

4.注意由材料的加工技术带来的审美特性

高精度的表面处理，与不修边幅的粗犷风格就是完全不同的感受。

7.3 作业 15——绘画肌理制作练习

7.3.1 作业要求

1．依据一定肌理设计，用不同制作方法表达。

2．用所学的技法作出四种不同效果的肌理设计（每小幅 10cm×10cm）；注意画面的肌理技法和意境的表达。

7.3.2 评分标准

序号	阶段	总分	分数控制体系	分项分值
			材质与肌理构成练习评分标准（总分100分）	
1	构思	30	构思新颖，主题突出	10
2			视觉效果佳	10
3			形式法则运用得当	10
4	造型	40	层次丰富	10
5			造型优美	10
6			具有较强的装饰性	10
7			能较好运用材料肌理	10
8	制作	30	材料技法运用熟练	10
9			工具运用较为丰富	10
10			制作工整	10

7.3.3 作业与评语

图 7—29（左）
图 7—30（右）

评语：

图 7—29：该学生作品视觉效果突出，表现技法多样但画面整体感强，构图形式较为统一，画面富律动感。

图 7—30：该学生作品画面装饰效果强,运用喷洒压印拼贴堆积等多种方式，技法掌握熟练，表现多样肌理效果。

7.4 作业 16——触觉肌理制作练习

7.4.1 作业要求

1. 依据一定肌理设计，用不同材料予以表达。

2. 选择不同质地、形态的材料，将它们组织在 10cm×10cm 的硬纸板上，使其成为具有个性的 "材质展示面"。

3. 作业数量：4 张（10cm×10cm），完成后装裱在 25cm×25cm 的硬质纸上。

7.4.2 评分标准

见前表。

7.4.3 作业与评语

图 7—31（左）
图 7—32（右）

图 7-31：该学生作品巧妙运用各种纺织品纤维，结合多种组合方式，体现点、线、面多样构图效果，色彩丰富，肌理效果多样。

图 7-32：该学生作品构图简洁大方，运用不同排列组合方式体现线面感觉。

7.5 作业 17——材质认知练习

7.5.1 作业要求

1. 以纸材为主，用不同方法做不同肌理处理。

2. 平面上利用略有凹凸的纹样变化，则可使不具立体感的平面形成具有立体感的形态表面。

3. 材料：绘图纸、卡纸、特种纸（有色或无色）。

4. 方法：在一幅 10cm×10cm 正方形的纸中间开 1/3 长的切口，然后利用切口进行各种纹样的折叠，产生平面上的凹凸效果，达到表现面的立体感的构成目的，如果改变切口位置和形状，比如说倾斜或呈对角线的位置，可创造出形式多样的肌理质感。

7.5.2 评分标准

见前表。

7.5.3 作业与评语

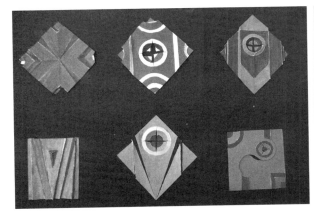

图 7-33：该学生作品运用多种折叠手法，曲直对比突出，形式统一中又有变化，并巧妙结合色彩更凸现肌理纹样效果，视觉效果较好。

图 7-34：该学生作品构成以直线为主，形式法则运用得当，造型和谐统一，技法运用较为熟练。

图 7-33（左）
图 7-34（右）

模块八　计算机辅助平面设计

教学目的：掌握 Photoshop 等平面设计软件的操作与应用

利用电脑软件了解渲染的种类、效果与应用

利用电脑软件增强学生对于平面构成、色彩构成与肌理的认识与应用

利用电脑软件感受色彩与肌理的变化所产生的心理感受的不同

掌握电脑制作展板等彩色平面设计能力

掌握文字与图片资料搜集的能力

所需理论：见第 8 章

作业形式：PSD 形式电子文件

作业内容：使用规定的文字与图片材料完成展板设计

所需课时：12

评分体系：见第 8 章

作业 18　关于色彩和肌理的心理练习

作业要求：利用 Photoshop 软件绘制色彩构成模块中的色彩对比作业，调整以到达最好效果，并感受色彩与肌理的变化所产生的心理的不同

训练学时：8

范例与评语：见第 8 章

作业 19　关于装饰建材展览展板的设计练习

作业要求：依照设计，使用 Photoshop 软件制作展板

训练学时：12 ~ 16

范例与评语：见第 8 章

8

第8章 计算机辅助平面设计

8.1　计算机辅助平面设计基础

本节学习了解像素、位图图像与矢量图形、图像大小与分辨率、图像的色彩模式和常用文件等基础知识。

8.1.1　计算机图形主要分类

计算机图形主要分为两类：位图图像和矢量图形。

1. 位图图像

位图图像，也称为点阵图像，是由许多点组成的，其中每一个点称为像素，而每个像素都有一个明确的颜色，像素是图像的基本单位。像素是一个个有颜色的小方块。在处理位图图像时，所编辑的是像素，而不是对象或形状。位图图像是连续色调图像，如照片或数字绘画等都是最常见的电子图片。图像能够表现阴影和颜色等细微层次，是通过位图图像的分辨率来实现。也就是说，图片包含固定数量的像素（图8-1）。

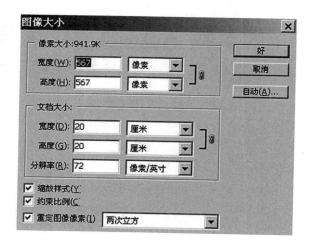

图8-1

如果在屏幕上对它们进行缩放或以低于创建时的分辨率来打印图片，图片将丢失其中的细节，并会呈现锯齿状，俗称马赛克的效果。

2. 矢量图形

矢量图形（也称为向量图形）是由被称为矢量的数学对象定义的线条和曲线组成。矢量根据图像的几何特性描绘图像。矢量图形与分辨率无关，可以将它们缩放到任意尺寸。也可以按任意分辨率打印，而不会丢失细节或降低清晰度。因此，矢量图形在标志设计、插图设计及工程绘图上占有很大的优势。

8.1.2　常见图形文件格式与主要特点

1. GIF：是常用的一种图形交换文件格式，用于显示超文本标记语言（HTML）文档中的索引颜色图形和图像。GIF是一种用LZW压缩的格式，目的在于最小化文件大小和最短电子传输时间。GIF 格式保留索引颜色图像中的透明度，但不支持 Alpha 通道。

2. JPEG：是一种常用的图片格式，用于显示超文本标记语言（HTML）文档中的照片和其他连续色调图像。JPEG 格式支持 CMYK、RGB 和灰度颜色模式，但不支持 Alpha 通道。与 GIF 格式不同，JPEG 保留 RGB 图像中的所有颜色信息，但通过有选择地扔掉数据来压缩文件大小。JPEG 图像在打开时自动解压缩。压缩级别越高，得到的图像品质越低；压缩级别越低，得到的图像品质越高。一般来说，选用"最佳"品质选项产生的结果与原图像几乎无分别。

3. TIFF：英文 Tag Image File Format 标记图像文件格式，用于在应用程序和计算机平台之间交换文件。TIFF 是一种灵活的位图图像格式，受几乎所有的绘画、图像编辑和页面排版应用程序的支持。而且，几乎所有的桌面扫描仪都可以产生 TIFF 图像。TIFF 格式支持具有 Alpha 通道的 CMYK、RGB、Lab、索引颜色和灰度图像以及无 Alpha 通道的位图模式图像。Photoshop 可以在 TIFF 文件中存储图层，但是，如果在其他应用程序中打开此文件，则只有拼合图像是可见的。Photoshop 也可以用 TIFF 格式存储注释、透明度和多分辨率金字塔数据。在 Photoshop 中保存为 TIFF 格式会让用户选择是 PC 机还是苹果机格式，并可选择是否使用压缩处理，它采用的是 LZW Compression 压缩方式，这是一种几乎无损的压缩形式。

4. EPS：EPS 文件格式可以同时包含矢量图形和位图图像，并且几乎所有的图形、图表和页面排版程序都支持该格式。EPS 格式用于在应用程序之间传递 PostScript 语言图片。当打开包含矢量图形的 EPS 文件时，Photoshop 栅格化图像，将矢量图形转换为像素。EPS 格式支持 Lab、CMYK、RGB、索引颜色、双色调、灰度和位图颜色模式，但不支持 Alpha 通道。EPS 确实支持剪贴路径。桌面分色（DCS）格式是标准 EPS 格式的一个版本，可以存储 CMYK 图像的分色。使用 DCS 2.0 格式可以导出包含专色通道的图像。若要打印 EPS 文件，必须使用 PostScript 打印机。

5. TGA：TGA（Targa）格式专门用于使用 Truevision 视频卡的系统，并且通常受 MS-DOS 色彩应用程序的支持。Targa 格式支持 16 位 RGB 图像（5 位 ×3 种颜色通道，加上 1 个未使用的位）、24 位 RGB 图像（8 位 ×3 种颜色通道）和 32 位 RGB 图像（8 位 ×3 种颜色通道，加上 1 个 8 位 Alpha 通道）。Targa 格式也支持无 Alpha 通道的索引颜色和灰度图像。当以这种格式存储 RGB 图像时，可以选取像素深度，并选择使用 RLE 编码来压缩图像。PCX：PCX 格式通常用于 IBM PC 兼容计算机。PCX 格式支持 RGB、索引颜色、灰度和位图颜色模式，但不支持 Alpha 通道。PCX 支持 RLE 压缩方法。

6. PICT：是英文 Macintosh Picture 的简称。PICT 格式作为在应用程序之间传递图像的中间文件格式，广泛应用于 Mac OS 图形和页面排版应用程序中。PICT 格式支持具有单个 Alpha 通道的 RGB 图像和不带 Alpha 通道的索引颜色、灰度和位图模式的图像。

8.2 Photoshop 软件介绍

8.2.1 Photoshop 的启动与退出

1. 启动

Photoshop 安装完成后，在 Windows 系统"开始"菜单的"程序"子菜单中会自动出现 Adobe Photoshop 程序图标，单击 Adobe Photoshop 即可启动Photoshop（图 8-2）。

图 8-2

首先，出现 Photoshop 的引导画面，等检测完后出现一个"欢迎屏幕"对话框，可在其中点击各选项进行学习，单击"关闭"按钮，即可进入 Photoshop 程序。就会弹出图 8-3 所示的对话框。

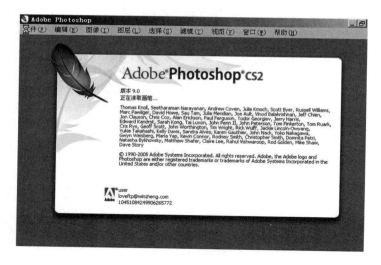

图 8-3

2. 退出

在菜单栏中执行"文件"→"退出"命令或单击程序窗口标题栏上的关闭按钮或按 Alt+F4 键或按 Ctrl+Q 键，即可退出 Photoshop 程序，并且程序中的所有文件也随着一起退出。如果有文件没有存储，就会弹出图 8-4 所示的警告对话框，提示是否要存储该文件。（如要储存参见储存命令）。

图 8-4

8.2.2 Photoshop 界面主要板块

1. 菜单栏

菜单栏是 Photoshop CS2 的重要组成部分，和其他应用程序一样，Photoshop 将绝大多数功能命令分类并分别放在 9 个菜单中。菜单栏中包含"文件"、"编辑"、"图像"、"图层"、"选择"、"滤镜"、"视图"、"窗口"、"帮助" 9 个菜单，只要单击其中某一菜单，即会弹出一个下拉菜单，如果命令为浅灰色的话，则表示该命令在目前状态下不能执行。命令右边的字母组合键表示该命令的键盘快捷键，按下该快捷键即可执行该命令，使用键盘快捷键有助于提高操作的效率。有的命令后面带省略号，则表示有对话框出现（图 8-5）。

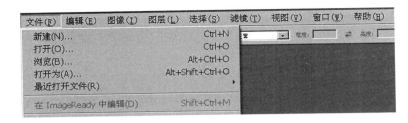

图 8-5

2. 窗口

Photoshop CS2 中的窗口环境是编辑和处理图形、图像的操作平台，它由标题栏、菜单栏、选项栏、工具箱、控制面板、图像窗口（工作区）、状态栏、最小化按钮、最大化按钮、关闭按钮等组成（图 8-6）。

3. 选项栏

选项栏的作用非常关键，默认状态下它位于菜单栏的下方。当用户在工具箱中选择某工具时，选项栏中就会显示它相应的属性和控制参数，并且外观也随着工具的改变而变化，有了选项栏，用户可以很方便地利用和设置工具的选项（图 8-7）。

图 8-6

4. 工具条

初始默认界面屏幕上，工具条位于左侧，上面罗列一些常用工具，它们各自用处（图 8-8）。

图 8-7

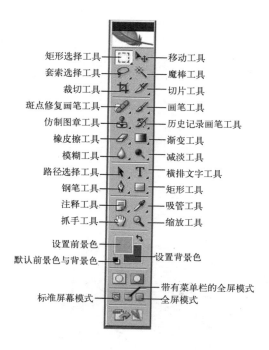

矩形选择工具 —— —— 移动工具
套索选择工具 —— —— 魔棒工具
裁切工具 —— —— 切片工具
斑点修复画笔工具 —— —— 画笔工具
仿制图章工具 —— —— 历史记录画笔工具
橡皮擦工具 —— —— 渐变工具
模糊工具 —— —— 减淡工具
路径选择工具 —— —— 横排文字工具
钢笔工具 —— —— 矩形工具
注释工具 —— —— 吸管工具
抓手工具 —— —— 缩放工具

设置前景色
默认前景色与背景色 —— 设置背景色

—— 带有菜单栏的全屏模式
标准屏幕模式 —— 全屏模式

图 8—8

8.2.3 常用命令介绍

1. 新建文件命令：

要建立一个新的图像文件，请在菜单栏中执行"文件"→"新建"命令，或按快捷键 Ctrl+N，弹出对话框，在此对话框中可以设置新建文件的名称、大小、分辨率、模式、背景内容和颜色配置文件等（图 8—9）。

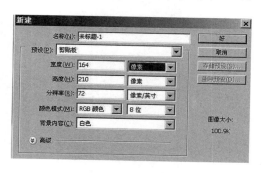

图 8—9

1）画布大小（如 A4、A3、B5、640mm×480mm、800mm×600mm 等）。

2）宽度／高度：自定图像大小（也就是画布大小），即在"宽度"和"高度"文本框中输入图像的宽度和高度（其中单位有英寸、厘米等）。

3）分辨率：在此可设置文件的分辨率，分辨率单位通常使用的为像素／英寸和像素／厘米。

4）颜色模式：在其下拉列表中可以选择图像的颜色模式，通常提供的图像颜色模式有位图、灰度、RGB 颜色、CMYK 颜色及 Lab 颜色 5 种。

5) 背景内容：也称背景，也就是画布颜色，通常选择白色。

2. 存储文件命令

在菜单栏中执行"文件"→"存储"命令或按快捷键Ctrl+S,弹出对话框,选择所需的文件夹"存储"。存储命令，用于存储对当前文件所做的更改，每一次存储都会替换前面的内容。如果是打开的或者是已经编辑好并存储过的文件，并且不想替换原文件或原来的内容，则需使用"存储为"命令。在"存储为"对话框中双击可以打开其他文件夹，给出存储路径，然后在"文件名"文本框中输入文件的名称，文件名可以为中英文或数字。在Photoshop中是可以选择当前格式存储文件，默认格式是以PSD格式存储文件。

3. 打开文件命令

在图像窗口标题栏上单击关闭按钮,或在菜单栏中执行"文件"→"打开"命令或按快捷键Ctrl+O，即可寻找文件所在文件夹即相关路径，将存储过的图像文件直接打开。

4. 关闭文件命令

在图像窗口标题栏上单击关闭按钮,或在菜单栏中执行"文件"→"关闭"命令或按快捷键Ctrl+W，即可将存储过的图像文件直接关闭。如果该文件还没有存储过或是存储后又更改过，那么它会弹出对话框，询问是否要在关闭之前对该文档进行存储，如果要储存单击"是"按钮（参见储存命令），如果不存储则单击"否"按钮，如果不关闭该文档就单击"取消"按钮。

5. 打印文件命令

确认打印机正常连接，（打印机设置与连接参见打印机安装说明）。按Ctrl+O键打开一个要打印的文件，在菜单栏中执行"文件"→"页面设置"命令，在其中设定"大小"，"方向"为"横向"，其他不变，单击"确定"按钮完成页面设置（图8-10）。

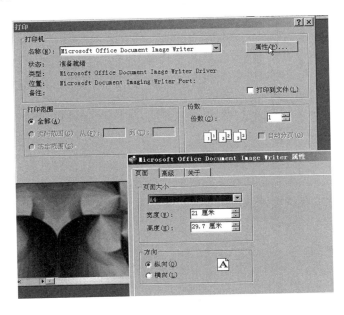

图8-10

设置好页面与缩放比例后，可以直接在"打印"对话框中单击"打印"按钮，接着弹出"打印"对话框，可在其中设置要打印的份数，再单击"属性"按钮，弹出"Canon S200SP 属性"对话框，可以在其中选择所需的介质类型（即，纸张类型）、打印质量，是否使用灰度打印与打印前预览，是使用自动调节色彩，还有手动调节色彩等。确定即可打印（图 8—11）。

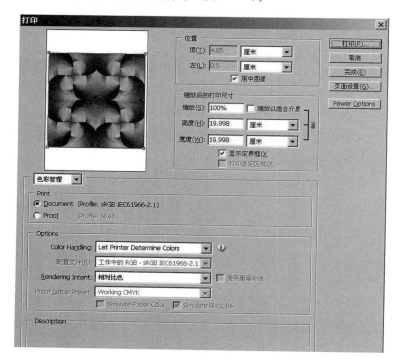

图 8—11

8.2.4 基本工具命令

1. 缩放工具

利用缩放工具，可将图像缩小或放大，以便查看或修改。将缩放工具移入图像后指针变为放大镜，中心有一个"＋"号，如果在图像上单击一下，则图像就会放大一级。按住 Alt 键（或在选项栏中点击缩小按钮）指针变为放大镜。中心为一个"－"减号，在图像上单击则可将图像缩小（即单击一次将缩小一级）。

选项栏（图 8—12）。选项栏里选项含义：

图 8—12

1）调整窗口大小以满屏显示：勾选该选项可以在缩放的同时调整窗口以适合显示。

2）忽略调板：当勾选"调整窗口大小以满屏显示"选项时，在放大时忽略调板所占空间，直至布满除工具箱和选项栏外的所有空间为止。

3）缩放所有窗口：勾选该选项则以固定窗口缩放图像。

4）实际像素：单击它可以将图像以实际像素显示。使图像按照 100% 的比例显示图像的实际大小。

5）适合屏幕：单击它可以将图像适合于屏幕显示。

6）打印尺寸：单击它可以以打印尺寸显示。

2．抓手工具：

当图像窗口不能全部显示整幅图像时，可以利用抓手工具在图像窗口内上下、左右移动图像。以观察图像的最终位置效果或对图像进行局部修改，在图像上右击，可弹出快捷菜单，可以在其中选择"按屏幕大小缩放"、"实际像素"或"打印尺寸"来调整图像的大小。

选项栏里选项：

滚动所有窗口：如果在程序窗口中有多个图像窗口，并且这些窗口中的图像没有完全显示，则在选项栏中勾选"滚动所有窗口"复选框，就可以在一个图像拖动时，其他的图像也随着移动。

3．导航器面板

如果在文档（图像）窗口内无法看到整个图像，可以使用导航器面板快速更改图像的视图。也可以使用抓手工具在文档窗口中移动图像来查看局部。导航器面板即可得知图像并没有完全显示在图像窗口中，其当前显示为图像的百分比。在放大图像屏幕显示图像局部时导航器面板中的红色方框中的内容为当显示位置。也可以利用导航器的视图窗口中拖动红色方框来快速查看图像细节（图 8-13）。

4．参考线

"参考线"是浮在整个图像窗口中但不被打印的直线。用户可以移动、删除或锁定参考线，以免被不小心移动。在 Photoshop 中，网格在默认情况下显示为非打印的直线，但也可以显示为网点。网格对于对称地布置图像非常有用。

1）创建参考线

在菜单栏中执行"视图"→"新建参考线"命令，弹出对话框，并在"位置"文本框中输入所需的数值，单击"确定"按钮即可创建一条参考线。也可以直接从标尺栏中拖出参考线，例如，在水平标尺上按住，左键并向下拖到所需的位置，松开鼠标左键，即可创建一条水平参考线（图 8-14）。

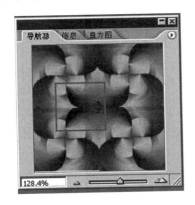

图 8-13（左）
图 8-14（右）

2）移动参考线

在工具箱中点选移动工具,指向参考线时指针呈 状,按住左键向下（或向上）拖动到适当位置,松开鼠标左键后即可移动参考线到该位置。

3）删除参考线

如果要删除一条或几条参考线,用移动工具直接将参考线拖向图像外即可,如果要删除所有的参考线,可在菜单栏中执行"视图"→"清除参考线"命令。

4）设置参考线和网格

在菜单栏"编辑"→"首选项"→"参考线、网格与切片"命令,"首选项"对话框中可以设置参考线和网格的颜色、样式,可以设置"网格线间隔"和"子网格"的个数,也可以设置切片的"线条颜色"和是否"显示切片编号"。例如:在"参考线"栏中的"颜色"下拉列表中选择所需的颜色,在"样式"下拉列表中可选择所需的参考线样式,在"网格"栏中可设置所需的网格颜色、样式;在"网格线间隔"和"子网格"后的文本框中可输入所需的数值。设置好后单击"确定"按钮,即可完成参考线和网格的设置,按 Ctrl+H 键显示网格。

5）锁定参考线

在菜单栏中执行"视图"→"锁定参考线"命令,可将参考线锁定,这样就不会移动或编辑参考线了。

5. 图层管理

再Photoshop 中对图层的操作是非常重要的工作。通过建立图层、调整图层、处理图层、分布与排列图层、复制图层等工作来分别编辑和处理图像中的各个元素,从而达到丰富的层次与相互关联的图像元素,最终创建理想图像效果。图层的概念可以理解为多张透明的薄膜上画出图像的不同部分,最后将这些薄膜叠加在一起,就可浏览到最终的效果,每一张薄膜在 Photoshop 中被称为图层。图层窗口中上面的图层总显示在前面,下面的图层被遮挡,当然图层顺序是可以鼠标直接上下拖移排列。Photoshop 中可以在图像中添加附加图层、图层组和图层效果。而可添加的图层的数量只受计算机内存的限制（图 8—15）。

图层面板可以从菜单栏中执行"窗口""图层"命令,打开。通过"图层"菜单和"图层"面板可以对图层进行编辑。如新建图层（图层组）、删除图层、设置图层属性、添加图层样式以及图层的调整编辑等。

图 8—15

1）新建图层

绘图中可以根据自己的需要进行设置好创建空图层，然后向其中添加内容，也可以利用现有的内容来创建新图层。创建新图层时，在菜单栏中执行"图层"→"新建"→"图层"命令，弹出对话框，并可以根据自己的需要进行设置，设置好后单击"确定"按钮，即可新建一个图。也可以直接在"图层"面板中单击——（创建新图层）按钮直接新建一个图层。

2）背景图层

背景图层总是在堆叠顺序的最底层。也不能将混合模式或不透明度直接应用于背景层（除非先将其转换为普通图层）。图层窗口中双击背景图层，即弹出对话框，可以把背景图层转化为名字为0层的普通图层，也就能将混合模式或不透明度直接应用。

如果图像中没有了背景层，则可在菜单栏中执行"图层""新建"→"图层背景"命令，即可将选中的图层转换为背景图层。

3）图层建立组

先在"图层"面板中选择要编组的图层，按Ctrl键可以多选，然后执行"图层"→"群组图层"命令，就建立了一个图层组。

4）删除图层

删除不需要的图层，可以节省空间，减小图像文件的数据量。如果要删除图层或图层组，请先在"图层"面板中选中要删除的图层或图层组，然后在菜单栏中执行"图层"→"删除"→"图层"或"组"命令将其删除。

在"图层"面板中直接拖动要删除的图层 ￼（删除图层）按钮上，当指针呈凹下状态时松开鼠标左键即可直接将该图层删除。

5）合并图层

将几个图层组合为一个图层。当一个图层内容的特征和位置被最后确定时，就可以将该图层与一个或多个图层合并以创建复合图像的过渡版本，并减小文件数据量。合并图层可以将多个图层中所有透明区域的交叉部分继续保持透明。也可以将链接图层组或可见图层组中的图层合并。

6. 历史记录面板

历史记录面板可以让用户返回到当前图像编辑过程中的任何状态。每次用户对图像进行一次更改，该图像的新状态就被添加到面板中。历史记录面板及其选项每个操作都会在面板中单独列出。然后用户可以选择任何一个状态，图像将恢复到当时的样子，用户就可以从这一状态开始继续工作（图8-16）。

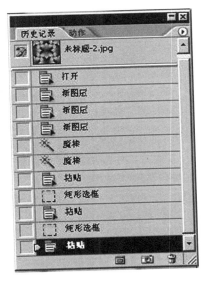

图8-16

8.2.5 基本绘制命令

1. 设置前景色与背景色

要绘制一幅好的作品，首先要色彩用得好。如何设置颜色，成为绘画的首要任务。

1）色彩控制图标可以设置前景色与背景色（图8-17）。

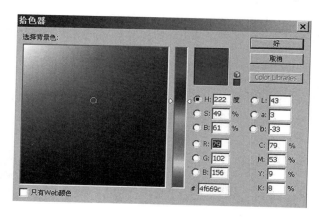

图 8-17

2）吸管工具

颜色取样器工具——可以定义取样点的颜色信息，并且把颜色信息存储在信息面板中。取样大小选项：默认状态下仅拾取光标下1个像素的颜色，也可选择3×3平均或5×5平均，这样就可拾取3×3或5×5个像素的颜色的平均值。例如：要将吸取的颜色设定为背景色，按住Alt键单击，在图像中吸色，则吸取的颜色将作为背景色。

2. 选区命令选择是编辑的基础，选择菜单中使用选取的图像像素控制区域。我们可以使用选框、套索、多边形套索和磁性套索工具来建立选区，或者用魔棒工具或"色彩范围"命令选择一定的彩色区域来建立选区。建立一个新的选区会替换现有的选区（图8-18）。

图 8-18

1）全选（A）：在画布范围内选择图层上的所有像素。快捷方式：Ctrl功能键＋A字母键。

2）取消选择（D）：取消刚刚建立的选择选区。快捷方式：Ctrl功能键＋D字母键。

3）重新选择（E）：重新选择现用图像中刚被取消选择的选区。

4）反选选区：使用此选项操作可以选择图像中未选择的部分。

5）色彩范围（C）：在现有选区或整个图像内选择指定的颜色或颜色子集（图8-19）。

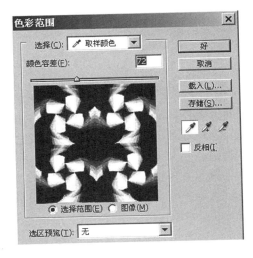

图8-19

6）羽化（E）：本操作的功能是创建选区与其周边像素的过渡边界，使边缘模糊。在使用选框、套索、多边形套索或磁性套索工具时，可以定义羽化，也可以将羽化添加到一个现有的选区。在移动、剪切或拷贝选区时，羽化效果会变得很明显。

7）修改（M）：可以使用以下"修改"命令增加或减少现有选区中的像素：扩边、平滑、扩展和收缩。

8）扩大选取（G）：本操作基于颜色来扩展选区，以魔棒选项面板中指定容差范围内的值，来扩大相邻像。

3．填色渐变命令 （图8-20）

图8-20

1）油漆桶工具（图8-21）：

图8-21

用前景色填充选择的区域，亦可在图像和选区内填充图案，其选项面板中需要选择的参数和选项有：填充模式、透明度、容差、消除锯齿等。油漆桶工具不能用于位图模式图像。

2）渐变工具（图8-22）：

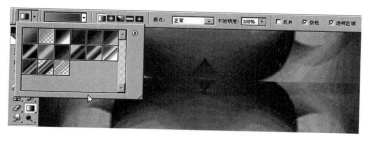

图 8-22

可以创建多种颜色间的逐渐过渡。可以从现有的渐变填充中选取或创建自己的渐变。在图像中从起点（按下鼠标处）拖到终点（释放鼠标处）就可以绘制一个渐变。起点和终点根据所用的渐变工具影响渐变的外观。

工具箱中的渐变拉出式菜单包括以下工具：

（1）线性渐变：从起点到终点以直线逐渐改变。

（2）径向渐变：从起点到终点以圆形图案逐渐改变。

（3）角度渐变：围绕起点以逆时针环绕逐渐改变。

（4）对称渐变：在起点两侧用对称线性渐变逐渐改变。

（5）菱形渐变：从起点向外以菱形图案逐渐改变。终点走菱形的一个角。

4．复制粘贴与变形命令

1）复制命令：在定下选区的情况下，菜单编辑命令栏里拷贝命令，快捷键为 Ctrl＋C，可以将选区内容复制在剪贴板中，此时图面并没有变化。

2）粘贴命令：复制命令完成后，选择菜单编辑命令栏里粘贴命令，快捷键为 Ctrl＋V，可以将选区内容复制图像贴到图面里。并生成一个独立的图层。

3）变形命令：如果需要让复制的图形出现大小形体变化，菜单编辑命令栏里自由变化命令，快捷键为 Ctrl＋T，图形外框出现节点，右击节点出现菜单框可以对图形进行变形（图 8-23）。

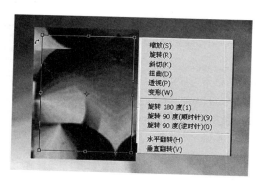

图 8-23

5．文字命令

Photoshop 中的文字是由以数学方式定义的形状组成，这些形状描述的是某种字体的字母、数字和符号。文字添加到图像时，字符由像素组成，并且与图像文件具有相同的分辨率。也可以建立段落文本（图 8-24）。

1）段落文本：使用水平或垂直方式控制字符流的边界。当用户想要创建一个或多个段落时，采用这种方式输入文本十分有用。段落是末尾带有回车符

图 8-24

的任意范围的文字。使用〝段落〞面板可以设置适用于整个段落的选项，如对齐、缩进和文字行间距。对于点文字，每行即是一个单独的段落；对于段落文字，一段可能有多行。具体视定界框的尺寸而定。

　　2）文字图层：为文字建立独立的图层，在文字图层上创建文字，这样就可以对文字应用图层命令，为文字编辑添加更多手段。

8.3　作业18——平面色彩肌理的心理训练作业

8.3.1　作业要求

　　1．利用 Photoshop 软件绘制色彩构成模块中的色彩对比作业，调整以到达最好效果，并感受色彩与肌理的变化所产生的心理的不同。

　　2．图片大小要求满足 25cm×25cm，分辨率达到 300dpi。以便作品完成后，清晰打印出图。

　　3．后续学时：8

　　4．这项作业的成果将由教师最后编辑成〝色彩构成手册〞，便于以后专业课程使用和查阅。教师将该手册打印装订成册作为专业图书馆的自编资料。

8.3.2　评分标准（100分）

平面色彩肌理的心理训练评分标准				
序号	阶段	总分	分数控制体系	分项分值
1	图形表达	30	符合图面尺寸标准	10
2			选择的图形能够很好地表达情感内涵	10
3			图形构图和谐，排列有序，符合构成原理	10
4	色彩表达	30	色彩构图整体感强	10
5			图面色调符合色彩构成原理	10
6			色彩排列具有美感	10
7	Photoshop应用	40	图形边界清晰，图片精度达到300dpi	10
8			填色位置准确	10
9			图片排列对齐	10
10			图片整体表达较好，正确格式存盘	10
总计		100		100

8.3.3 范例与评语

1. 范作（图8—25）

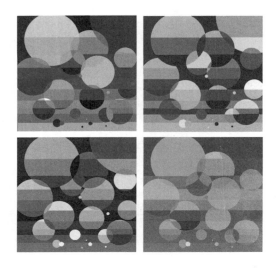

图 8—25

评语：以上色彩构成模块中的色彩对比作业，构图符合色彩构成对比作业要求，从作品中看出，制作过程包含诸多Photoshop软件命令的应用，范作对Photoshop软件制作有较好掌握，在设计中充分发挥软件处理手段。如精细的图片选择，准确的色阶排列，都使作业有很好的视觉效果。

2. 学生作业

1）学生作业（图8—26）：

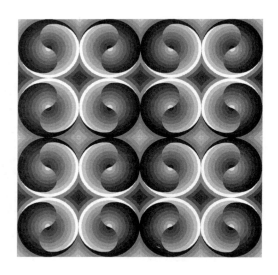

图 8—26

评语：以上色彩构成模块中的色彩明度对比作业，构图符合色彩构成对比作业要求，从作品中看出，制作过程包含诸多Photoshop软件命令的应用，该学生对Photoshop软件制作有一定掌握，能够在以后的设计中充分发挥软件处理手段。精细的图片结构排列，准确的色阶顺序，都使作业有很好的视觉效果。

2）学生习作二（图 8—27）：

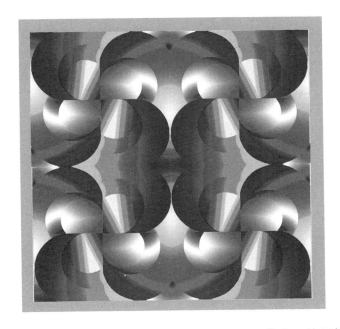

图 8—27

评语：以上色彩构成模块中的色彩色相明度对比作业，构图符合色彩构成对比作业要求，从作品中看出，制作过程非常用心，使用了所学 Photoshop 软件命令，该学生对 Photoshop 软件制作有一定掌握，精细的图片结构排列，准确的色阶顺序，都使作业有很好的视觉效果。能够在以后的设计中充分发挥软件处理手段。

8.4　作业 19——关于装饰建材展览手册的设计练习

8.4.1　作业要求

依照设计，使用 Photoshop 软件制作装饰材料手册

1．利用 Photoshop 软件绘制色彩装饰材料手册，以图片排列展示为主，调整平面布局节奏最好视觉平衡效果，并感受色彩与肌理的排列变化所产生的不同的心理。

2．手册要求 4 折，8 页面，分封面、封底、内页。图片大小自定，要求满足分辨率达到 300dpi。以便作品完成后，清晰打印出图。

3．训练学时：16 学时

4．这项作业的成果将由教师最后编辑成"装饰材料手册集"，便于以后专业课程使用和查阅。教师将该手册打印装订成册作为专业图书馆的自编资料。

8.4.2　评分标准（100分）

装饰建材展览手册的设计评分标准

序号	阶段	总分	分数控制体系	分项分值
1	图形表达	30	符合图面尺寸标准	10
2			选择的图形能够很好地表达材质	10
3			图形构图和谐，排列有序，符合构成原理	10
4	色彩表达	30	色彩构图整体感强	10
5			图面色调符合色彩构成原理	10
6			色彩能很好表达材质特性	10
7	Photoshop应用	40	图形边界清晰，图片精度达到300dpi	10
8			用色位置适合，有对比	10
9			各个页面排列对齐，正确格式存盘	10
10			图片整体协调，表达较好	10
	总计	100		100

8.4.3　范例与评语

1. 范作

1）外页：封面、封底、新花饰瓷砖展示（图8—28）。

2）内页：不同石材，样本效果照片（图8—29）。

图8—28

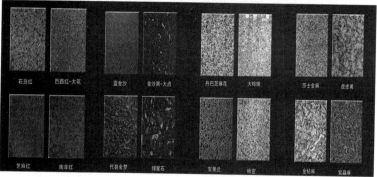

图8—29

评语：以上装饰材料手册构图合理，从作品中看出，制作过程包含诸多Photoshop 软件命令的应用，能对 Photoshop 软件制作有较好掌握，可以在以后的设计中充分发挥软件处理手段。如精细的图片选择，准确的排列，都使手册有很好的视觉效果。手册封面、封底、内页的连贯呼应关系处理很好，整体感强。

2．学生习作

马可波罗瓷砖——中国印象系列产品介绍手册。

1）外页：封面、封底、新花饰瓷砖展示（图 8–30）。

2）内页：应用范围与效果照片（图 8–31）。

图 8–30

图 8–31

评语：以上装饰材料手册构图合理，从作品中看出，制作过程包含诸多Photoshop 软件命令的应用，该学生对 Photoshop 软件制作有较好掌握，色调统一有设计语汇感染力，图片排列有序，图面视觉效果较好。在以后的设计中充分发挥软件处理手段。不够的是手册封面、封底、内页的连贯呼应关系处理不够，本作业整体感略显不足。

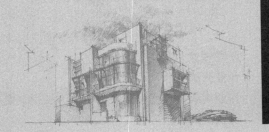

環境艺术设计基础

第三篇　空间造型篇

模块九　立体构成

教学目的：掌握立体构成的基本原理，完成一定内容的立体造型训练。
　　　　　　培养学生的空间构想及创造性、多向性的思维能力。
　　　　　　熟悉材料的特性及设计方法和程序，具有较高的审美能力。

所需理论：见第 9 章

作业形式：作品

作业内容：依据所给平面完成其立体转化，用不同材料以一定主题完成线、面、块构成。

课堂课时：12

评分体系：见第 9 章

作业 20　线、块、面构成练习

作业要求：利用不同材料，依据设计完成线、面、块构成。

训练课时：12 ～ 18

范例与评语：见第 9 章

作业 21　平面、立体转化练习

前导作业：点、线、面构成作业

作业要求：以平面构成模块中点、线、面构成的作业为基础平面，使用各类材料，在
　　　　　　200mm×200mm 板上完成其立体造型。

训练课时：22 ～ 18

范例与评语：见第 9 章

作业 22　抽象空间形体练习

作业要求：以某一主题创造一概念空间，使用各类材料，完成其立体造型。

训练课时：12 ～ 18

范例与评语：见第 9 章

9

第 9 章　立体构成

9.1 立体构成的基本知识

9.1.1 立体构成的起源

在平构、色构的学习中，我们开始认识世界著名的包豪斯设计学院，正是由于包豪斯崭新的设计理论和设计教育思想，使它成为现代设计的发源地。

英国的产业革命，是产品的生产由手工劳动演变为机械化生产，在这一历史过程中，人们追求的是工业的机械效率，无法顾及设计上新面临的种种变化：一是生产方式的变革，使材料选择更为广泛。二是机械产品与手工产品的不同特点等。所以出现了一些问题：如新产品的外观造型与材料、工艺制作全然脱离，使具有新功能、新结构、新工艺、新材料的产品与外观极不相协调。包豪斯的艺术家及时认识到这一问题，提出"艺术与技术相结合"的教育理念，认为产品的设计不仅在美学和功能上符合社会需要，还要在生产上也能适应工业大生产的要求。包豪斯宣言中的第一句话就是"建筑师、艺术家、画家们，我们一定要面向工艺"。其教学计划要求学生在各个阶段都要训练用手和用脑，并使二者统一。实际操作使学生们对各种材料的性能、工艺加工特性获得个人的体验，从中培养设计能力，达到符合使用，符合工艺的要求。这是包豪斯和过去所有学院式教育的区别。

立体构成课从 20 世纪 70 年代末传入我国，经过二十几年的教学实践，验证了它作为设计课的基础课程的重要性，所以至今仍成为艺术设计类各专业的必修课。

9.1.2 立体构成的概念与特征

1. 概念

立体构成是将形态要素按照一定的原则，创造实际占据三元空间形体。它与在平面上表现的视觉立体和视觉深度感完全不同，是从任何角度都可以触及并感受到的实体。它是用厚度及空间来表现构成，其形象称之为形态，而不叫形状。

2. 特征

1）源于自然，高于自然。往往将形态推至原始状态（几何形态）进行理性分析和组合——将完整对象分解为很多造型要素，然后按一定的造型原则重新组合成为新的设计。

2）构成感觉的体现，是理性与感性的结合，并以抽象理性构成为主。构成的抽象形态，虽不反映具象的形态，但它与现实仍有一定的联系。我们常说的具象和抽象往往是指"看得懂的"或"看不懂的"形态，其实这种是以个人的识别能力为转移，没有共同标准的。许多抽象形态本身就是具体物的形象，只不过在人们的视觉经验中缺乏体验而已。构成的抽象形态虽不反映具体的某物，却能反映出一定的节奏，体现出一定的情结，给感官带来一定的感受。比如，点、线、面，一般认为是抽象的，但它们却又是具象形态的构成元素和初步表现，是形态构成的基本要素。一些由点、线、面、块构成的立体形态，一群造型相似或相同的建筑物，都同样可以反映出节奏感（图9—1）。

图 9—1

3）在综合表现方面，必须综合地考虑构成的各种因素，其中包括材料要素，通过掌握不同材料的加工工艺，熟悉材料特性，结合材料特性，创造具有特定效果的形态。

9.2 立体构成的基本要素

9.2.1 形态要素

无论自然形态或是人工形态，都可以将其看成是形态基本要素的组合，都有其形态生成的根据。自然形态不是我们能创造的，我们的目的是创造人工形态。按照人工形态的外形特征，可以将其划分为点、线、面、体这四个部分。而立构中的点、线、面、体有大小、粗细、厚薄之分。

1. 点材要素

点材要素在立体构成中，主要起点缀、装饰的作用，若整齐密集排列则产生线和方向的作用。点材也可以起到分割区域的作用。

1）点材的形态：圆点、半圆点、三角点、方形点、异形点等。

2）点材的质地：可以是硬质的、软质的、透明的等。

3）常见的点材：钢珠、玻璃碎片、豆粒、石子等。

点材虽小，但它通过位置的变化，则可以产生不同的感觉，变成对全体具有强烈影响的布局（图9—2）。

2. 线材要素

线材是以长度为特征的材料，它是构成空间立体的基础，线材本身不具有占据空间表现形体的功能，但却可以通过线群的积聚，表现出面的效果。还可以由各种面加以包围，形成一定封闭式的空间立体造型。线的不同组合方式，可以构成千变万化的空间形态（实面、虚面、体）。

1）线材的形态

线材从形态上可分为两大类：

（1）直线：可分为水平线、垂直线、斜线。

（2）曲线：可分为几何曲线和自由曲线。

2）线材的视觉效果

（1）直线：男性感、坚毅、冷漠、明确、锐利。

（2）曲线：女性感、轻快、优美、柔和、富有旋律。

线材在构成中起到分割、框架遮拦和结构、装饰分割区域的作用（图9-3）。

3）常见的线材：尼龙线、棉线、铁丝、纸带、竹子条、细木条、金属管、塑料管等。

4）线材的质地：分硬质线材和软质线材。

3．面材要素

面材是立体形态的主要特征，也是实体的外在反映，具有遮挡和分割的作用。面材的连续排列可构成体。用面材造型，可以获得以很少的材料制成很大的体量的形体，同时又可以用面材制造虚实相间的造型，是现代造型设计应用的最多的材料。

1）面材的形态

面材从形态上分为平面和曲面。

2）面材的视觉效果

（1）规则的平面（几何）：富有理性和机械的冷漠。

（2）曲面：因观察角度的变化不同而变化，如正面看到凸形、背面则看到凹形。

3）常见的面材：纸片、纸板、木板、金属片、塑料片、玻璃片、有机玻璃等（图9-4）。

4．块材要素

块材是立体造型最基本的表现形式，能最有效地表现空间立体造型。块材具有连续的表面，给人以稳重、扎实、体量感、力度感，特别是在阳光下形成的投影可以给人以稳如泰山的感觉，这是线材与面材做不到的。

1）块材的形态

块材因材料不同，形态各异可产生许多规则及随意形态块材，如几何体——方体、圆体、锥体、三角、曲体等。自由体——鹅卵石等。

2）块材视觉效果

可产生不同的量感和张力（图9-5）。

图9-4（左）
图9-5（右）

9.2.2　关系要素

即形体自身的结构关系，形体与形体之间的关系，形体与空间的关系等。

9.2.3　空间要素

立体构成可形成实体空间和虚体空间。

1. 实体

是立体的基本表现形式，古典雕塑的主要面貌是以实体（圆雕）来表现的（图9-6）。

图9-6

2. 虚体

现代雕塑和立体构成，主要注重虚体空间的表达让实体与虚体达成和谐，与周围环境融为一体，强调"满足虚空间的要求"，使封闭的形变革为开放的形，这就是空间构成的意义（图9-7）。

3. 开放形的含义

持有内部空间的立体造型与周围外部空间紧密结合，既是发展的又是与环境同化的，存在着浑然一体的生命力，它的周围流动着与实体等量的空气。摩尔的现代雕塑正是满足虚空间的要求（图9-8）。中国的"太湖石"也是自然的杰作，它的"透"（虚空间），体现的就是与园林自然和谐地融为一体。

图 9-7（左）
图 9-8（右）

9.2.4 材料要素

1. 材料

材料是立体的重要元素，不同材料具有不同的功能和特性，反映出不同的审美感受。

2. 材料特征

1）材料的物理特性——弹性、塑性、收缩、膨胀、强度、硬度等。

2）材料的力学特性——拉伸、扭转、弯曲、弯折。

3）材料的心理效应。

（1）点材——点缀、装饰

（2）线材——空间感、轻快感、流畅感、虚感（骨骼作用）

（3）面材——延伸、充实、扩展、遮挡（表层作用）

（4）块材——重量感、稳定感、实感（内聚与张力）

4）材料的质感——光滑、粗糙、透明不透明，硬质或软质（图 9-9 ～图 9-12）。

图 9-9（左）
图 9-10（中）
图 9-11（右）

图 9-12

5）材料的肌理——规律的，无规律的，偶然形成的。

9.2.5 美感要素

立体构成表达的美感是把形式美的感觉、心理因素建立在功能、构造、材料及加工技术等物质基础上，与在平面上达到一定视觉传递效果的平面构成不同。其造型表达具有自己的美感特征，其追求表现的美感要求如下：

1. 对称与平衡

1）对称是相等对齐，表现一种安定、庄重、严肃。

2）平衡是一种均衡，表现出整体与局部、实体与空间的一种均衡。

2. 节奏与动势：

1）节奏原指音乐、诗歌、舞蹈的起伏变化，有快慢、缓急、重复、渐变、反复交错等。

2）节奏的特点——持续性和变化（图9-13）。

3. 对比与呼应

对比体现客观的普遍存在，是冲突是矛盾，是各种造型要素间的差异性（图9-14）。

图9-13

图9-14

4. 统一与多样

1）统一是相同、同一、一样而形成规律和整齐，过分则单调、呆板。

2）多样是通差别形成丰富和变化，过分则易杂乱无序。

5. 变化与秩序

1）变化是事物存在的最根本的形式——事物在变化中发展、改变。在造型上变化是丰富和创新。

2）秩序是规律和条理，秩序构成和谐。

6. 比例与尺度

1）比例是形、形与形、形与体量的关系，比例有审美性、功能性与合理性。

2）尺度是以人的特征制定的"万物皆以人为尺度"。尺度表现了人与物、人与工具、人与产品、人与建筑、空间的关系。

9.2.6 立体构成中的色彩与空间

1. 物体本色的利用

直接利用材料本色，不仅较自然，也更能体现材料的质地美，尽可能不要人为改变。如：木材的天然纹理，金属的色泽，麻绳的原色。

2. 人为色的处理

为立体形态做相应的配色，着重体现出色彩的心理效应，如：冷或暖，或华丽与朴素，或轻或重，或厚或薄，或明或暗的心理感受。

 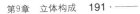

构成时处理色彩要注意色与形态的关系，着色面积大小、方位、光源材料等。

9.3 不同形态的立体构成

9.3.1 半立体构成

1. 半立体构成的材料及技术

"半立体"是介于平面构成和立体构成之间的造型形式。方法是将平面材料上某个部位立体化加工，使之在视觉和触觉上具有立体感。如浮雕和壁挂，它们借助光线的照射而产生的阴影把形象衬托得更加鲜明。

1) 常用材料——纸、塑胶板、木板、石膏板、水泥、石材、金属板、玻璃等。

2) 造型技巧——剪切、折叠、嵌集、雕刻等。

2. 形态的生成

事物在破坏了原始形态的同时，新的形态随之诞生。利用一张平整的纸，来做实验：随意用手将纸揉成一团，立体形态即形成。当然随意破坏材料原始形态，使之产生新的形态，并不是我们造型的目的，我们需要的是破坏原始形态之后，如何才可以产生造型丰富符合审美的新的形态。开始时，要大胆、自由、奔放地去设想，去尝试。

3. 半立体构成的抽象表现。

1) 切线活用（材料：纸张）

将一个平面形态经过一定的加工手法使其进行空间变动而成半立体。

训练目的——让思维从平面走向立体。

制作要点——把握构成要素在变化中的规律性和系统性，并注意对比与调和，节奏和韵律的美感（图 9—15）。

(1) 不切多折　　　　　(2) 一切多折　　　　　(3) 多切多折

图 9—15

2) 基本形重复法的半立体构成

制作要点：首先利用折、卷等手法完成一个半立体造型，然后重复若干次，沿左右、上下排列开，形成丰实的构成效果（图 9—16）。

3) 骨骼法构成的半立体构成（图 9—17）

图 9—16（左）
图 9—17（右）

9.3.2 线材构成

1. 线材的类型

1）硬质线材

2）半硬质线材

3）软质线材

2. 线材构成方法

1）硬质线构成

硬质线的特点是不能弯曲，构成主要以排列和搭接构成。

（1）平行排列、渐变排列、发射排列（以一点和多点排列构成旋转）、交叉排列、自由排列（图9—18）。

（2）框架结构：以同样粗细单位线材，通过粘接、焊接、铆接等方法，接合成框架基本形，再以此框架为基础进行空间组合，即为框架结构（图9—19）。基本形可以是长方形、三角形、菱形等。构成时应注意框架应有整体感，结构应稳定。空间发展不可太封闭，在外缘适当留空余的空间。单元的种类不可超过三种，否则易产生杂乱感。

硬质线常用材料：方便筷、火柴棒、毛衣针、塑料吸管、玻璃棒、金属管、牙签等。

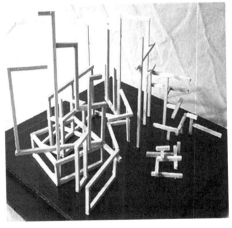

图 9—18（左）
图 9—19（右）

2）半硬质线构成

半硬质线可以弯曲、扭动、扭曲、拉伸、转动等特点。可形成螺旋转动，扭动弯曲，自由弯曲和曲线弯曲等构成形式。

半硬质线常用材料：电线、塑料管、铁丝等（图9-20）。

3）软质线构成

软质线需要与框架同时构成，框架是软质线的载体，其构成形成可以有方形、圆形、角形、异形等。软质线密集连接可形成虚面。软质线的连接方法有：平行连接、发射连接、交叉连接、垂直连接等。

软质线常用材料：缝衣线、丝线、尼龙线等（图9-21）。

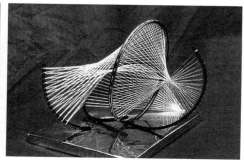

图9-20（左）
图9-21（右）

9.3.3 面材构成

面材是视觉上最有效的媒介物，因为任何立体形态都是由"面"来组成的。面材具有平整性和延伸性。

面材的构成形式主要有三大类：

1. 面材的立体插接构成

1）概念

将面材裁出缝隙，然后相互插接，主要靠相互钳制，形成较稳定的立体构造称之为插接构成。比较适合较厚的面材材料。这种结构也便于拆装（图9-22）。

2）方式

（1）几何单元形体的插接——是指用以插接的形都是几何单元形。

（2）自由形体的插接——是指用两个或两个以上的自由面形做插接。

3）注意要点

（1）插接的牢固与否与面材切缝的长度和截面厚度有很大关系。

（2）在构成设计时，既考虑造型又要考虑插接组合的位置，以创造出丰富的立体形态。

2. 层板排列

1）概念

层板排列是用较厚的纸板或其他板材若干块，按比例有次序地排列组合

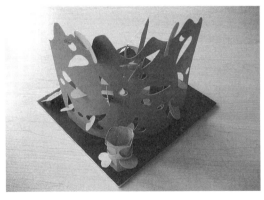

图 9-22 （左）
图 9-23 （右）

成一个形态。可以直面，也可以是弯曲或曲折（图 9-23）。

　　2）排列方法

　　（1）同大小、同方向、同距离

　　（2）同大小、同方向、不同距离

　　（3）同大小、同距离、不同方向

　　（4）同方向、同距离、不同大小

　　3）注意要点

　　（1）面形可以以重复、近似、渐变等手法做规律性的变化。

　　（2）层面的排列可以是平行的、错位的、发射的、旋转的、弯折的等。

3．几何多面体

　　1）概念

　　是我们日常生活中最常用的形体，如：冰箱、电视机、衣柜等。

　　2）构成形式

　　由面材构成的几何多面体的特征是多面体的面越多，越接近球体。粘接面完全展开后成平面状，分为两种形式：

　　（1）柏拉图式多面体

　　柏拉图球体几何特性为：各面绝对重复，每面均为正多边形，面与面相遇之内角绝对相等，连接各角顶点绝对相等（图 9-24 ～图 9-27）。

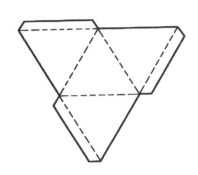

图 9-24

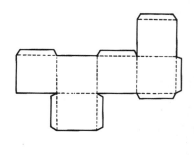

图 9—25

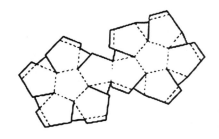
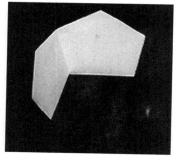

图 9—26

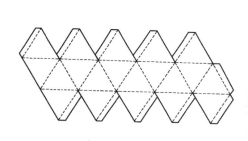
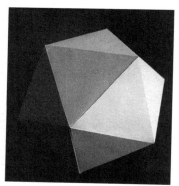

图 9—27

（2）阿基米德式多面体

阿基米德球体几何特性为：各面均为正方形，正三角形和正多边形。是两种或两种以上的基本面形的重复，连接各角端顶点的面接近于球形。

常见的较简单的有：

等边十四面体，包括 6 个正方形，8 个三角形。

等边十四面体，包括 6 个正方形，8 个六角形。

等边二十六面体，包括 8 个正三角形，18 个正方形。

等边三十二面体，包括 6 个正八角形，12 个正方形，8 个正六角形。

3）注意要点

以上述球体结构为基础，如果使其组成的面、边与角进行有规则的变化，即可形成新形态的多面体,比如说,面的镂空、开窗、切折、附加等（图9-28～图9-30）。

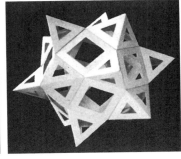

图9-28（左）
图9-29（中）
图9-30（右）

4.柱体

1）概念

这里所说的柱体是以纸为材料,进行折曲或弯曲构成,然后将折面的边缘粘接在一起,形成各种形态的柱体。

2）构成形式

柱体包括圆柱和棱柱。用纸构成各种断面的筒,其上经过开口、开窗、切折等方式处理使筒体产生形体的变化而构成不同的立体。而棱柱又分为三棱、四棱、六棱等,可经过切折、开窗等方式而形成的表面有凹凸或转折变化的柱状立体（图9-31～图9-33）。

棱柱的变化可以体现在柱形变化、柱头变化、棱线变化、柱面变化等方面。

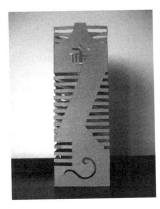

图9-31（左）
图9-32（中）
图9-33（右）

9.3.4　块材构成

1.概念

块材是立体造型最基本的表现形式,它是具有长、宽、高三维空间的封闭实体。它具有连续的表面,与线材和板材相比,有稳重、安定充实的特点。块材基本构成的方式是分割和积聚,在实际创作中常以这两种形式结合,追求形体的刚柔、曲直、长短;变化的快慢、缓急;空间的虚实对比等,创造出理想的空间形态。

2．构成方式

块材的切割是指对整块形体进行多种形式的分割，从而产生各种形态。切割的基本手法是切、挖，其实质是"减"。切割常用的材料一般是黏土、橡皮或海绵。

1）块材的切割构成

（1）几何切割——强调数理秩序，水平切、垂直切、倾斜切、曲面切、等分切、等比切。

（2）自由切割——完全靠感觉去切割，使原本单调的整块形体发生变化，并产生生命力的一种形式（图9-34）。

2）块材的积聚构成

积聚构成首先要有用以积聚的立体单位，还要有供积聚的场所，积聚的实质是量的"增"。它主要包括单位形体相同的重复组合和单位形体不同的变化组合，构成一种新的立体形态，构成的方法多种多样，可以组合成一个完整的新颖的单独立体，也可以在空间任何方位进行组合，其目的是创造出新的组合体，给人以新颖与美的享受，表现一定的意境，或满足某种功能上的要求。其组合形式有：

（1）相同单体组合——在位置、数量、方向上变化

（2）不同单体组合——变化大小，渐变等

3）注意要点

应运用了一定的均衡与稳定，统一与变化等关系原理去创造具有一定空间感、质感、量感、运动感的造型形态。注意形体间的贯穿连接，结构要紧凑，整体而富于变化（图9-35、图9-36）。

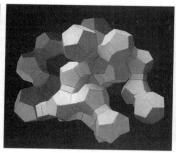

图9-34（左）
图9-35（中）
图9-36（右）

9.4 作业20——线、块、面构成练习

9.4.1 作业要求

利用不同材料，依据设计完成线、面、块构成。

9.4.2 评分标准

序号	阶段	总分	分数控制体系	分项分值
1	构思	30	富有创意	10
2			能捕捉到立体形态的立体感觉	10
3			形体过渡自然，变化合理	10
4	造型	40	对形态和结构有一定的认识和理解	10
5			构图合理	10
6			有较好的体积感和空间感	10
7			能较好地把握整体关系和主次关系	10
8	制作	30	能熟练掌握相关的制作工具	10
9			能充分认识掌握相关材料	10
10			有较好的表现技巧	10

立体构成练习评分标准（总分100分）

9.4.3 作业与评语

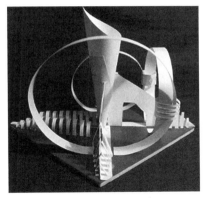

图 9-37（左）
图 9-38（右）

评语：

图 9-37：该学生巧妙运用复印纸材质特性，结合弯曲、切割等技法，突出构图中曲线的律动，画面活泼富有动感，谱写一曲动人圆舞曲。同时底板的红色对比白色纸材，更凸现主体造型。

图 9-38：该学生构图强于节奏的把握，以木条紧密且高低错落有致地排列体现面的律动变化，而泡沫塑料小球的间次点缀，则起到丰富构图完善画面作用。

9.5 作业 21——平面、立体转化练习

9.5.1 作业要求

以平面构成模块中点、线、面构成的作业为基础平面，使用各类材料，在 200mm×200mm 板上完成其立体造型。

9.5.2 评分标准

见前表。

9.5.3 作业与评语

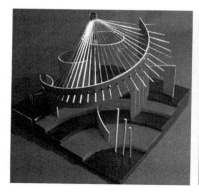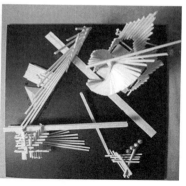

图 9—39（左）
图 9—40（右）

评语：

图 9—39：该学生作品体现较好的空间感，线、面、体的综合创意与表现较突出，形体过渡自然，变化合理，对材料运用熟练，表现技巧把握得当。

图 9—40：该学生纯以硬质线材表现线、面、体，组合方式多样，过渡衔接自然，形式统一却不显单调，较好把握了整体关系和主次关系。

9.6 作业 22——抽象空间形体练习

9.6.1 作业要求

以某一主题创造一概念空间，使用各类材料，完成其立体造型。

9.6.2 评分标准

见前表。

9.6.3 作业与评语

图 9—41（左）
图 9—42（右）

评语：

图 9-41：该学生作品模拟建筑空间，布局虚实结合，线面体结合巧妙，过渡自然，整体造型富于变化。同时对 KT 板切割组合连接掌握熟练，制作精良。

图 9-42：该学生作品空间分布比例适宜，层次分明，支撑体系正确完整，突现结构的稳定。整体造型工整，制作美观精致。

模块十 模型制作

教学目的：了解模型的作用和意义。

了解模型的分类和材料。

了解模型制作所需工具。

掌握模型制作的方法、流程与技巧。

通过模型制作强化空间想象能力。

锻炼徒手制作与加工能力。

所需理论：见第 10 章

作业形式：多种材质模型

作业内容：建筑模型制作

所需课时：8

评分体系：见第 10 章

作业 23　建筑模型制作练习

前导作业：平面图、立面图抄绘

作业要求：选择一独立式小住宅设计图纸，按比例制作其模型。

训练学时：16 ～ 24

范例与评语：见第 10 章

10

第 10 章　模型制作

10.1 模型的作用和意义

模型是根据实物、设计图纸、设想，按比例、生态或其他特征制成的同实物（或虚物）相似的物。模型通常具有展览、观赏、绘画、摄影、试验或者观测等用途。

10.1.1 模型表现的含义和目的

模型表现是基于各种材料、工艺、制作手段和技巧，进一步完善设计思路、深入表达和协调整体创意的重要环节。设计中的表现内涵在这一阶段反映得也更有力。

在现实生活中，模型被广泛地使用着。开发商发现制作精良的住宅模型有助于他们销售楼盘；参观者可以通过模型直观简便地找到自己想参观的展品或者有意购买的房产；尤其是对于设计师来说，他们可以通过模型和非专业人士交流设计思路，完善设计理念，更新设计手段，很多由于技术和投资原因未建成的建筑和设计作品，也可以用模型的形式体现其独特的艺术观念和美学价值。

10.1.2 模型制作目的与作用

在设计过程中，利用模型能直观地表现空间，反映出平面图上无法反映的问题，充分发挥设计师的空间想象力，使错综复杂的空间问题得到恰当的解决。模型制作目的与作用在于：

1. 为设计服务。在设计的各个阶段中配合平面图以探求理想的方案。

2. 为表现设计方案效果而服务。使设计者与业主对设计方案有比较真实的感受与体验。

3. 为设计师完善设计方案而服务。设计师经常在设计过程中借助模型来推敲、完善设计创作，通过立体形式的模型来弥补平面图样不能展示真实三维效果的缺点，使设计师进一步改进至最后完成设计。

4. 为设计师与业主之间对设计方案的交流提供沟通服务。立体模型这种直观的设计成果为沟通提供便利。

5. 可以帮助设计师提升产品外观的质感、量感与整体视觉平衡的观察与评价。

10.2 模型的分类和材料

模型不仅是辨识和分析空间形式的工具，而且是形式和形式间的关系的延伸、发展和应用。制作空间模型，就是要寻找形式之间的关系，强化有趣的关系，调整不和谐的关系，弱化与主题无关的关系，可以说，进行空间设计最主要的目标就是让所有的关系协调。

从表现的内容来看，我们有时候可以将空间模型分为以下三个种类：地形学模型、空间主体模型和特别空间模型。地形学模型包含了地基、景观和花园模型；空间主体模型则分为都市建筑、房屋、结构、内部空间和细节模型；而特别空间模型则有设计、家具和其他物体模型。

模型依其不同的制作程序、工艺，有着不同的需求和不同的使用。比如有的是为计划所做的准备，或者为设计师的研究做基本资料，有的是为竞赛作品做表现，也有的是作为业主的展览作品或简报模型。根据这样的使用目的，我们又可以把模型区分为参照模型、表现模型和展览模型。

本章节主要以建筑空间模型为例介绍模型制作的相关理论和方法。以下为建筑模型的分类：

10.2.1　按使用分类的模型

1. 方案模型

方案模型是建筑设计的一种手段。它以建筑单体的加减和群体的组合、拼接为手段来探讨设计方案，相当于完成建筑设计的立体草图，只是以实际的制作代替了用笔绘画，其优越性显而易见（图10—1、图10—2 安藤忠雄设计模型）。

图10—1（左）
图10—2（右）

2. 表现模型

表现模型作为建筑设计的重要表现方法，其表现力和直观性都非常突出。这类模型的设计制作不同于方案模型。它是以设计方案的总图、平面图、立面图为依据，按比例微缩，其材料的选择、色彩的搭配等也要根据原方案的设计构思，并适当进行加工处理。它把平面图上的意图和方案转换为实体和空间，这同样是一种艺术再创造，表现模型常应用于建筑报建、投标审定、施工参考等，有一定的保存和使用价值（图10—3、图10—4 安藤忠雄设计模型、图10—5，某建筑表现模型）。

3. 展示模型

展示模型是为宣传都市建设业绩、房地产售楼说明所用的。这类模型做工非常精细，材料与色彩特别讲究。质感强烈，装饰性、形象性、真实性显著，具有强烈的视觉冲击效果和艺术感染力。在建筑层高、空间、装饰等方面可作适当夸张强调，以求得较好的视觉效果。（图10—6，某小区展示模型）

图 10-3（左）
图 10-4（右）

图 10-5

图 10-6

10.2.2　按材料分类的模型

　　建筑与环境模型表现形式主要是从制作材料上来分类的，一般分纸质模型、木质模型、有机玻璃模型、吹塑模型、胶片模型、复合材料模型等。

　　1. 纸质模型

　　纸质模型是利用各种不同厚薄和不同质感的纸张，经过剪、刻、切、折、粘、拼、喷、画等手段做成的。材料简便而经济，效果也好。

　　2. 木质模型

　　木质模型是被广泛采用的一种模型制作形式。主要采用木块与胶合板制作，用一般木工工具就可以加工，但工具和工艺要求精细，有的还要精雕细刻后喷涂颜料。

3．有机玻璃模型

这种模型具有材质高档、色彩丰富、表面光洁、易于加工、制作精确、效果优美的特点，20 世纪 90 年代初被广泛采用。尤其在一些大型的建筑项目和投标项目中受到普遍的重视。

4．吹塑模型

吹塑模型采用吹塑树脂材料（如吹塑纸、吹塑板、苯板等）制作，加工比有机玻璃容易，造价也便宜。效果一般，精度不如前者，常被大中小学美术教学与工艺设计教学所采用。

5．复合材料模型

现代建筑与环境模型的设计制作，一般都采用多种材料复合制作而成。如在卡纸上覆涂（贴）一层印有砖纹、石纹、水纹、木纹的纸塑复合材料的薄膜。在透明有机玻璃片上印仿花岗石纹和木纹的仿花岗石板材等。设计制作者完全可以根据需要综合选定，创造出一种既经济、快速、加工方便，又效果良好、表现精美、富有时代感和装饰性的模型来。

10.3 模型制作的工具

工具是用来制作建筑模型所必需的器械。在建筑模型制作中，一般操作都是用手工和半机械加工来完成的。因此，选择、使用工具就显得尤为重要。随着科学技术的发展，建筑模型制作的材料种类繁多，制作的技术也随之不断变化，工具在建筑模型制作中的重要作用也日益地显现出来。那么，如何选择建筑模型制作的工具呢？一般来说，只要能够进行测绘、剪裁、切割、打磨和粘合的工具，都是可用的。

10.3.1 测绘工具

参见本书第 4 章。

10.3.2 切削工具

1．美工刀

美工刀又名墙纸刀，主要用于切割纸板、墙纸、吹塑纸、苯板、即时贴等较厚的材料。美工刀使用时刀片切勿推出太长，削切时宜用小角度切割，以免刮纸。

2．单、双面刀片

这种刀的刀刃薄，是切割吹塑纸的理想工具，但不宜切割较厚的苯板材料。

3．剪刀

剪刀是常用于剪裁纸张、双面胶带、薄型胶片和金属片的工具，一般模型制作时需备有医用剪刀、大剪刀和小剪刀三种。

4．手术刀

手术刀主要用于各种薄纸的切割与划线。尤其是建筑门窗的切、划都离不开手术刀。手术刀刀锋尖锐，使用时切勿用手触摸刀口。手术刀的使用应顺刀口方向呈 45°角成握笔姿态进行切、划。

10.3.3 锯切工具与技术

1. 手锯

手锯有木锯、板锯、钢锯和线锯之分，主要用来切割线材与人造板材。

1）木锯背有一条线弓，控制锯片松紧，不易弯曲，用来锯割木料横切面较理想；

2）板锯用来锯割人造板材及有机玻璃；

3）钢锯用来锯割金属材料（如铝合金和不锈钢）；

4）线锯用来锯割曲线与弯位。

2. 线锯床

线锯床主要用于切割有机玻璃、胶片、软木、薄板和金属片的曲线和弯位。

3. 电脑雕刻机

电脑雕刻技术是将待雕刻图案输入电脑再利用电脑程序控制雕刻。应用电脑雕刻机、激光雕刻机可以对模型的门窗、各种圆弧顶板、广场划线、栏杆、瓦楞屋面等构件进行精确切割加工。

10.3.4 刨锉与打磨工具

1. 木刨

木刨分短刨（粗刨）、长刨（滑刨）和特种刨（槽刨）三种，主要用来刨平木料及有机玻璃。

2. 锉

锉主要用于修平与打磨有机玻璃和木料。锉分木锉与钢锉两类，木锉用于木料加工，钢锉用于有机玻璃与金属材料加工。

3. 砂纸

砂纸分木砂纸、砂布和水磨砂纸，分别用于木料、金属和塑胶的打磨。在完成材料的切割工序后，可利用砂纸打磨，形成光滑的表面，并且细微修整边缘切口的形态。

4. 打磨机

分平板式与转盘式两种，根据需打磨材料的不同选用不同的砂纸，打磨效率高，但需避免过度打磨。

10.3.5 钻孔工具

手提电钻是主要的钻孔工具，用电动机驱动，令夹头转动，带动钻头钻孔，用途与手摇钻相同，只是钻孔更为方便、省力。

10.3.6 粘合工具

1．UHU 胶

适用于各类模型，纸张、毛绒、皮革、金属、石材、玻璃、木材等，无色透明，不伤手，是应用较为普遍的粘合剂，但价格较高。

2．白胶

适用于木材的粘合，粘结牢度佳。胶水气味较强烈，容易溢出粘结边缘，造成模型污染。

3．喷胶

适用于纸张、木材、有机玻璃、金属等，喷涂均匀，粘结力强。使用比较浪费，价格较昂贵。

4．百得胶

适用于多种材料的粘结，粘结牢度强。胶水干透所需时间较长，气味强烈。

5．502 胶水

瞬间粘结，牢度特强，特别适用于有机玻璃、金属的粘结，不适于用于卡纸。胶水腐蚀性强，易伤手。

另外，随着制作者对加工制作的理解，也可以制作一些小型的专用工具。总之，建筑模型制作的工具应随其制作物的变化而进行选择。工具和设备是否齐备，从某种意义上来说，影响和制约着建筑模型的制作，但同时它也受到资金和场地的制约。

10.4 建筑模型的制作流程和方法

10.4.1 制作准备工作

1．明确并熟悉图样

在接到制作任务时，首先要明确模型的制作标准、规格、比例、功能和材料，然后就要熟悉图样。图样应包括建筑规划或总平面图、各层平面图、建筑各立面图、剖面图及建筑材料说明书。

2．构思并拟定制作方案

即根据制作任务的具体情况进行构思，拟定出系统的、有目的和可行的制作方案。构思的内容包括：材料的选用、底盘的设计、环境的设计、色彩的搭配等问题。

3．准备工具与材料

要达到设计制作方案的预期效果，必须选择合适的工具材料制作模型。选择工具材料应考虑以下几点：

1）加工性：选择材料的同时应了解其加工手段和成型方式，以及材料加工时容易出现的缺陷，如纸裱糊时会出现折皱、收缩，有机玻璃切割时易断裂等。

2）外观性：外观性包括材料的颜色、光泽、肌理、手感等特性。

3）物理性：包括材料的重量、耐磨性、熔点、热膨胀性、导电导热性、透明度、化学反应稳定性、耐腐蚀性等问题。这些因素对模型日后的质量、保存期以及安全问题有很大的影响。

4）经济性：在准备工具和选择材料时，经济因素也是不得不考虑的问题。除了要注意价格档次外，选材也要合理得体，不要一味追求高价高档。

10.4.2 建筑模型框架的制作

现以一学生作业为例，介绍建筑模型的制作流程。

1. 本次作业是以萨伏伊别墅为图样，进行建筑单体模型的制作。主要材料与工具有：

1）材料：白色模型卡、KT板、赛璐璐透明膜、牙签、普通复印纸、塑料泡沫、多股电线。

2）工具：美工刀、剪刀、三角尺、UHU胶水、砂纸、铅笔、橡皮。

2. 放样

利用复印机对图纸进行缩放达到需要的比例，并且将原有的建筑设计图适当简化，以便制作时更概括和突出主体重点部分。放样图纸有平面图和立面图两种。平面图放缩后可在图上直接起建筑框架，使其成为建筑物底面。立面图放缩后可以作建筑表面装饰，以及制作层高和窗位标高尺（图10-7，萨伏伊别墅平面图与立面图）。

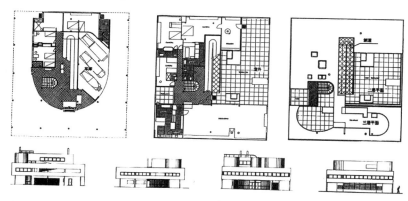

图10-7

1）用美工刀在KT板底板上根据图样定位，便于后续工作的展开（图10-8、图10-9）。

2）用模型卡根据图样裁切出楼板和墙体（图10-10、图10-11）。

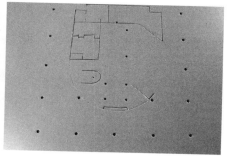

图10-8（左）
图10-9（右）

图 10-10（左）
图 10-11（右）

3. 建筑模型制作

模型制作应根据建筑形态、结构和块面的变化进行合理安排。基本的制作方法是由下而上，分层制作（图 10-12 ~ 图 10-25）。

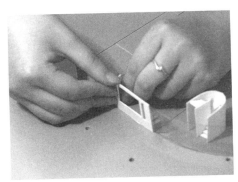
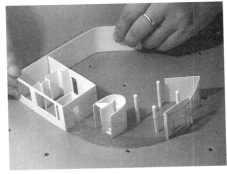

图 10-12（左）
图 10-13（右）

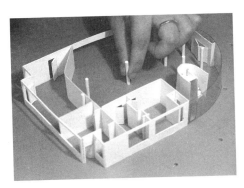

图 10-14 （左）
图 10-15 粘贴坡道(右)

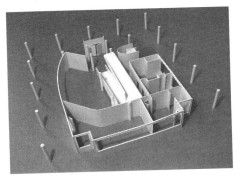

图 10-16 底层完成
（左）
图 10-17 赛璐璐做
成的落地
玻璃（右）

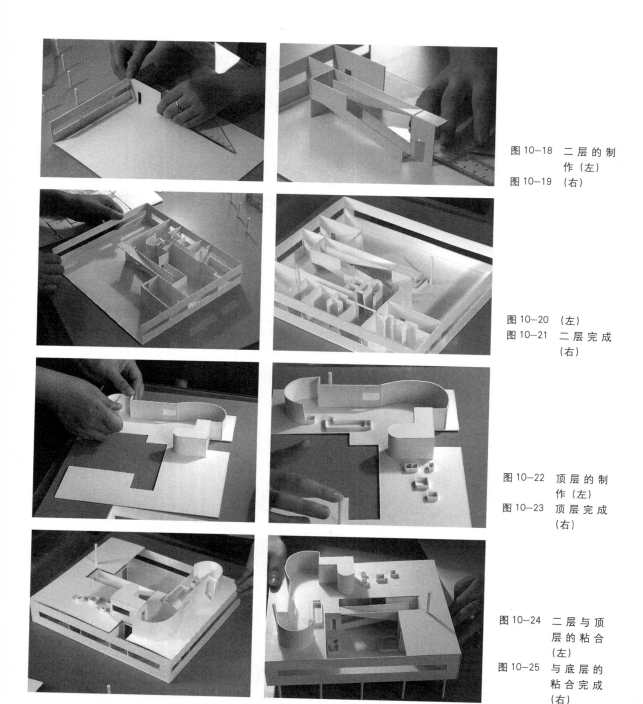

图 10—18　二层 的 制
　　　　　作（左）
图 10—19　（右）

图 10—20　（左）
图 10—21　二 层 完 成
　　　　　（右）

图 10—22　顶 层 的 制
　　　　　作（左）
图 10—23　顶 层 完 成
　　　　　（右）

图 10—24　二 层 与 顶
　　　　　层 的 粘 合
　　　　　（左）
图 10—25　与 底 层 的
　　　　　粘 合 完 成
　　　　　（右）

4．建筑模型框架工件的打磨和粘合

建筑模型的工件打磨和粘合是一项十分细致而又容易被忽视的工序。建筑模型工件的边缘需要打磨平整后方能粘平粘牢。打磨的工具有电动砂轮、砂布（纸）、锉刀等。打磨时要注意工作尺寸的准确，以免打磨过头。尺寸相同的工件可以捆扎起来集中打磨，以使工件统一。工件的粘合要采用与材料相配的粘合剂，并且在使用时应尽量加大粘合面积。

10.4.3 建筑模型配景制作

1. 等高线地形

场地高差较大，用等高线制作模型时，要事先按比例做成与等高线符合的板材，沿等高线曲线切割，粘贴成梯田形式的地形。在这种情况下，所选用的材料以容易加工的软木板和吹塑纸为宜（图10—26）。

2. 草地

如果面积不大，可以选用色纸，面积稍大可以选用草皮或草屑。草皮可直接粘在基地表面；草屑则要事先在基地表面涂一层白胶，然后再把草屑均匀洒在有草的地方，等白胶干了即可（图10—27）。

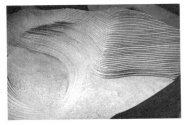 

图 10—26（左）
图 10—27（右）

3. 树木

制作建筑模型的树木有一个基本的原则，即似是而非。在造型上，要源于大自然中的树；在表现上，要高度概括。就制作树的材料而言，一般选用的是泡沫、毛线、纸张等。

1）用泡沫塑料制作树的方法

制作树木用的泡沫塑料，一般分为两种：一种是常见的细孔泡沫塑料，也就是俗称的海绵；另一种是聚苯乙烯，也就是常见的泡沫板。在制作阔叶球状树时，常选用大孔泡沫塑料，用剪刀剪或用手剥成球状体即可使用（图10—28、图10—29）。另外，利用剥落下来的泡沫碎颗粒，还可以做成灌木或地被植物（图10—30）。

2）用电线制作树的方法

在制作具象的阔叶树时，一般要将树干、枝、叶等部分表现出来。在制作时，先将树干部分制作出来。

制作方法为：将多股电线的外皮剥掉，将其裸铜线拧紧，然后将几股细铜丝分开，分别拧成树枝的形状，围着树干绕上几圈，重复操作，不断将上部的树枝分细绕圈，树就制成了。可以不着色，保留铜丝的本色，也可以着色使

图 10—28（左）
图 10—29（右）

之看上去更加具象（图10-31）。

3）用干花制作树的方法

在用具象的形式表现树木时，使用干花作为基本材料制作树木是一种非常简便且效果较佳的一种方法（图10-32）。

图10-30（左）
图10-31（中）
图10-32（右）

4．水面

如果水面不大，则可用简单看色法处理。若面积较大，则多用玻璃板或丙烯之类的透明板。在其下面可贴色纸，也可直接着色，表示出水面的感觉。若希望水面有动感，则可利用一些反光材料做表面，下面同样着色，看起来给人一种水流动的感觉。

5．其他地形环境情况

如城市道路、高架道路、人行道等，都可以根据具体情况选择适当的模型材料，如软木板或者模型卡纸，进行切割和粘结。

6．建筑小品

建筑小品包括的范围很广，如建筑雕塑、浮雕、假山等。这类配景物在整体建筑模型中所占的比例相当小，但就其效果而言，往往起到了画龙点睛的作用，在表现形式上则要抽象化。在制作雕塑类小品时，可以用橡皮、纸黏土、石膏等；在制作假山类小品时，可用碎石块或碎有机玻璃块，通过粘合喷色，便可制作形态各异的假山（图10-33）。

图10-33

10.5　作业23——建筑模型制作

10.5.1　前导作业：抄绘练习

10.5.2　作业要求

选择一独立式小住宅设计图纸，按比例制作其模型。

10.5.3 评分标准

序号	阶段	总分	分数控制体系	分项分值
			建筑模型制作评分标准（总分100分）	
1	空间表达	25	空间表达准确，符合图样	10
2			符合比例	5
3			平立面对应，上下楼层关系准确	10
4	色彩、材质设计	25	材料选择定位准确	10
5			色彩设计整体感强	10
6			色彩及材质设计有创意	5
7	配景设置	10	配景选择与整体方案统一	5
8			能够很好地烘托、提升设计效果	5
9	制作工艺	40	切工精良	10
10			粘贴吻合	10
11			形体挺括	10
12			模型视觉效果良好	10
	总计	100		100

10.5.4 范例与评语

图10-34 萨伏伊别墅模型
学生作业
杨忠璇

评语：该生的这个模型比例准确、空间关系协调到位。选用全白模型卡为主材，与萨伏伊别墅建筑本体吻合，整体感觉简洁明朗。在制作工艺上，选用了最简单常用的工具，分层拼接吻合、刻划、制作精细，打磨光滑，整体效果突出。配景选择白色泡沫球树为主，点缀了几棵铜线树，效果抽象而简洁，与建筑风格统一。但是地面灌木铺撒过多而零散，对视觉效果有所影响。

模块十一 计算机辅助空间设计

教学目的：掌握 3D MAX、SketchUp 等三维设计软件的操作与应用。

通过该类三维电脑软件，提高学生立体构成与空间想象能力。

通过电脑软件模拟空间效果，不断调整来推敲空间状态，获得不同心理感受，达到辅助设计效果，并能掌握初步动画制作。

所需理论：见第 11 章

作业形式：电脑绘图，电子文件

作业内容：依据指定立体构成绘制其三维效果图，用三维软件辅助设计空间

所需课时：12

评分体系：见第 11 章

作业 24 电脑软件建模构成练习

前导作业：空间形体的练习

作业要求：使用三维电脑软件，依据模型制作模块中〝空间形体的练习〞作业绘制立体构成，并制作动画，从不同角度与距离反映空间状态。

训练学时：16 ～ 24

范例与评语：见第 11 章

作业 25 制作一个几何雕塑

前导作业：室内空间模型制作练习

作业要求：完成一个简单的几何雕塑体，要有合理的几何结构和一定寓意。通过制作体会三维体量与空间穿插的效果。

训练学时：16 ～ 24

范例与评语：见第 11 章

11

第 11 章　计算机辅助空间设计

11.1 计算机辅助三维立体 3D MAX 软件基础

11.1.1 3ds Max 软件介绍

3ds Max 是目前世界上应用最广泛的三维建模、动画、渲染软件。3ds Max 可以完全满足制作高品质动画、游戏与效果设计等领域的工作需要。目前，市面上普及的最新版本为 3ds Max 8 版本。3ds Max 的功能非常强大，适用工作领域非常广泛例如建筑、游戏、影视、广告和工程模拟等。成为有志与这些领域工作的青年必学的应用性软件。本章节就针对立体空间设计中 3ds Max 软件空间建模上的应用进行介绍。

11.1.2 3ds Max 8 运行环境要求

1. 硬件要求

1）计算机处理器 CPU：Intel® PIII 或速度更快的处理器或 AMD® 处理器，运行速度达到 500 兆赫或更高，Xeon™ 或双 AMD Athlon™ 处理器或 Opteron™ 32 位系统。

2）内存：至少为 512MB（推荐 1GB），交换文件大小至少为 500MB（推荐 2GB）。场景的复杂性会影响维持性能所需的内存容量。

3）显示器：图形卡支持的分辨率至少需要为 1024×768×16 位色。支持 OpenGL® 和 Direct 3D 硬件加速；使用分辨率为 1280×1042×32 位色、内存为 256 MB 的图形加速器。注意：3ds Max 不支持 256 色模式。

4）输入设备：3ds Max 具有针对三键鼠标或 Microsoft IntelliMouse® 的特殊优化设置，可以支持滚轮。建议使用 Microsoft 兼容的三键滚轮鼠标。请确保您的定点设备使用的是最新驱动程序。为所用的任何外围设备获取最新驱动程序的最好方法是从生产商的网站上下载。

5）DVD−ROM：加载软件以及从 3ds Max 8 安装程序 DVD 执行其他所有安装时需要。

6）可用硬盘空间：通常，软件安装需要 650MB 的可用硬盘空间。这随您选择安装的自定义组件不同而有所不同。建议交换文件大小为计算机物理内存容量的 3 倍。注意：Windows 交换文件大小最低应为 300MB。根据场景的复杂性，可能需要更多的 Windows 交换空间。

7）其他可选硬件：

（1）声卡和扬声器：收听声音轨迹时需要。

（2）网络：在网络渲染中使用的 TCP/IP 配置网络。

2. 3ds Max 8 软件要求

1）主操作系统：Microsoft®Windows® XP Professional（Service Pack 2）（推荐使用）、Windows2000（Service Pack 4）或 Windows XP Home Edition（Service Pack 2）

注意：安装 3ds Max 软件需要具备管理权限。3ds Max 不支持 Windows 98 和 Windows ME 操作系统。

2）网络浏览器：若要 3ds Max 激活和注册并查看联机帮助系统，系统中必须装有 Internet Explorer®6（或更高版本）。可以从 Microsoft 网站 www.microsoft.com/windows/ie/ 下载 Internet Explorer。

3）多媒体图像声效加强软件：DirectX 9.0c 和 Direct X 9.0c-june 2005 更新在安装 3ds Max 8 时一起自动安装。DirectX 9.0c-june 2005 更新随 Windows XP SP2 一起提供。DirectX 9.0c 和 DirectX 9.0c-june 2005 更新是 3ds Max 8 的最低要求，可供显示图形时使用。

11.1.3　3ds Max 8 的安装与启动激活

1. 安装 3ds Max 8

1）查看 3ds Max 包装（XXX-XXXXXXXX）标签上的序列号。安装、注册和激活软件必须要有产品序列号。记录并保存该信息，升级、重新安装、重新激活软件或者需要与支持联系时，都需要序列号。

2）阅读 Readme.rtf 文件。此文件包含有关产品以及产品在某些硬件和操作系统上的性能的最新信息。该文件可以从 3ds Max 8 安装程序的"文档"面板上获得。

3）获取本计算机管理权限。在安装 3ds Max 8 软件包和安装网络渲染服务时必须。

4）使用 3ds Max 8 安装程序

（1）插入 3ds Max 8 安装 DVD。

（2）如果自动运行功能未启动 3ds Max 8 安装程序，请浏览该 DVD，然后双击 launch.exe 文件。

（3）单击 3ds Max 8 中的安装（图 11-1）。

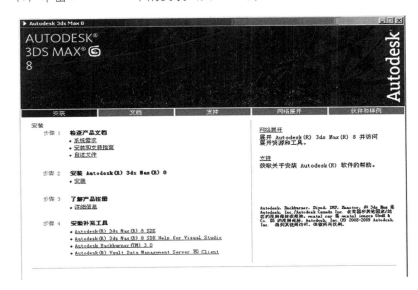

图 11-1

2．激活 3ds Max 8

首次启动 3ds Max 时，将会显示"产品激活"对话框。使用此对话框，可以继续执行激活过程，为方便起见，3ds Max 提供了激活向导，可供电子注册和快速访问产品激活时使用。如果不激活也可以开始使用 3ds Max。但是有试用期限，到期限不激活将不能使用（图11-2）。

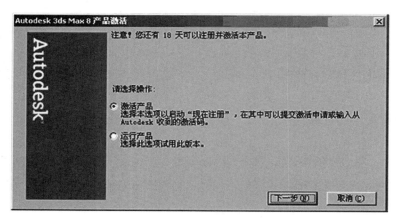

图 11-2

启动 3ds Max 之后，将会持续显示"产品激活"对话框，直到激活了该产品为止。运行 3ds Max 时，也可以通过选择"帮助""激活产品"来启动激活向导。如果遇到许可错误，要求重新激活 3ds Max 的副本，则只能从"产品激活"对话框中选择"激活产品"选项。其他选项都不可用。使用激活向导并对其进行首次运行之后，将会显示激活向导。它将逐步引导您填写注册产品以及获取激活码所需的所有信息。您可以直接在网站上获得激活码，也可以通过传真、电子邮件或邮件获得激活码。如果已有激活码，也可以立即输入。

3．启动 3ds Max

若要启动 3ds Max 可以通过下列任何一种操作：

1）从"开始"＞"程序"＞"Autodesk"＞"3dsMax"＞"3dsMax"（图11-2）。

2）通过桌面上的快捷方式，启动 3ds Max。

3）使用"我的电脑"或 Windows 资源管理器导航至安装文件夹，然后双击 3dsMax.exe（图11-3）。

注意：虽然安装 3ds Max 时需要管理权限，一般用户的身份登录也可以运行 3ds Max。

首次启动 3ds Max 且运行或忽略激活向导时，将会显示"图形驱动程序设置"对话框。如果没有安装适当的硬件和驱动程序，则该对话框中的某些选

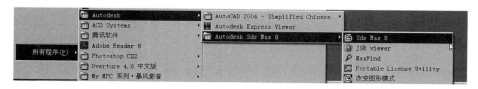

图 11-3

项将不可用。请选择"软件"这－默认驱动程序，除非您要使用视频卡支持的其他选项（图11－4）。软件选项这是默认的驱动程序。它可以与满足最低要求的所有图形卡一起工作。

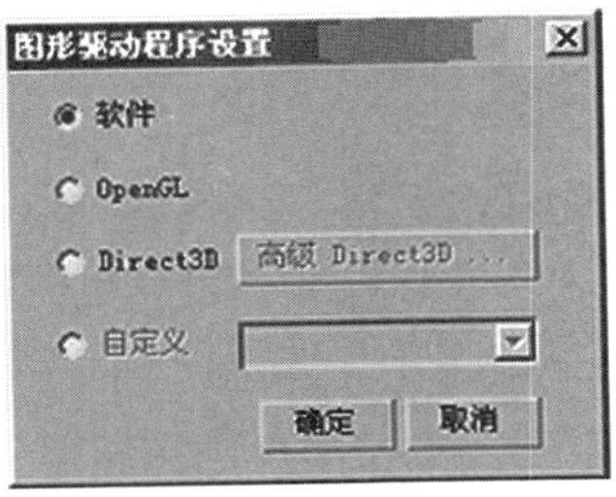

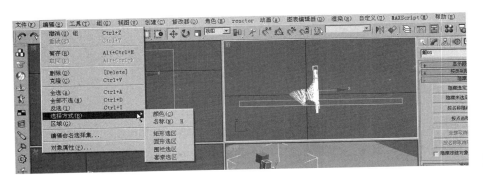

图11－4

11.2 3D MAX 软件的界面介绍

11.2.1 基本命令板块

1. 菜单栏

完全安装的 3ds Max 共有 15 个菜单，菜单栏可以自定义（图11－5）。

图11－5

1）File 文件菜单——文件菜单里包含了一些对于 3ds max 场景文件进行操作的命令，包括新建、打开、保存、合并、导入导出场景文件以及观察统计信息和文档属性等。

2）Edit 编辑菜单——编辑菜单中包含了一些对象选择和编辑控制的命令，例如：取消和恢复操作、删除和复制对象，以及对于选择对象的控制命令。

3）Tools 工具菜单——工具菜单中的命令可改变和管理对象，特别是对象的集合体。这里包含了许多复制和对齐工具，可精确控制对象并进行复制。

4）Group 成组菜单——主要是生成组，并对组对象进行操作和控制的命令（图11－6）。Group 成组菜单中分为两类：

（1）创建组的命令：Group 成组命令和 Attach 合并到组命令。成组命令用于创建一个新的组，而合并到组命令用于把当前选择集合并到已有的组当中去。当组中还包含有组时，称为组的嵌套。

（2）拆分组的命令：Ungroup 解散组命令和 Explode 爆炸组命令。两者的区别是，前者用于逐级拆分组，特别是对于嵌套组；而后者无论组中存在多么复杂的嵌套结构，都一次性把组拆分为

图11－6

各个独立对象。

（3）问组成员的命令为 Open 打开组命令,Detach 命令和 Close 关闭组命令。Open 命令用于将组对象临时拆分，这样就可以选择每一个组成员对象，对其进行独立编辑修改。如果想要将某个组成员分离出组，则选中该成员，使用 Detach 命令。如果想恢复组状态，使用 Close 关闭组命令。

5）Views 视图菜单——包含了对 3ds Max 视图进行设置和控制的命令。

6）Create 创建菜单——提供了一种方式来创建场景对象，这些对象同样可以在命令面板中进行创建。

7）Modifiers 编辑修改器菜单——提供了应用最常用的编辑修改器的另外一种方式。

8）Character 角色菜单——提供了角色骨骼和蒙皮工具。

9）Reactor 反应堆菜单——设置刚体动力学和柔性动力学动画。

10）Animation 动画菜单——提供了一套与动画、约束和反向运动（IK）相关的命令集合。将这些命令集成为一个菜单，极大地方便了角色动画的制作。

11）Graph Editors 图形编辑器菜单——用于打开轨迹视图和图解视图。这两个视图是以图形的方式显示对象的层级关系。

12）Rendering 渲染菜单——渲染菜单中的命令用于设置渲染选项、设置环境效果和镜头特效、调出材质编辑器和材质／贴图浏览器、使用 VideoPost 进行视频后期处理、制作和观看预览动画以及调用内存播放器。

13）Customize 自定义菜单——用于对 UI 的基本设置、适配路径、单位设置、网格和捕捉设置，以及视图的自定义设置。

14）MaxScriptMax 脚本语言菜单——用于对使用 Max 内建的脚本语言进行脚本的编写。这些脚本用来提高工作效率或者扩展 Max 的自身功能。

15）Help 帮助菜单——用于访问 3ds Max 的在线参考系统。

2. 命令面板

命令面板由六个标签面板组成，分别对 3ds Max 的建模、编辑特性、动画控制特性、显示控制等选项进行访问。每个标签对应一个面板。不能同时打开，通过单击每一个标签进行切换（图 11-7）。

3. 视图控制命令区

视图区是主要的工作区域，是三维数字虚拟空间的观察窗口。学会观察和调整视图，是理解和培养三维空间感觉和理念的首要之举。视图控制工具会根据视图的不同而略有改变，视图控制工具按钮位于软件面板的右下角（图 11-8）。各工具含义为：

1）放大或缩小视图：单击该按钮,在当前激活的非摄像机视图中上下拖动，以放大或缩小视图。快捷键为 Ctrl+Alt+ 鼠标中键上下拖动；或者按 Z 键激活。

图 11-7（左）
图 11-8（右）

2）推移视图：单击该按钮，在当前激活的非摄像机视图中随意拖动，以改变视图观察位置。快捷键为鼠标中键左右拖动。

3）旋转视图：单击该按钮，在当前激活的非摄像机视图中随意拖动，以改变视图观察角度。

4）各视图同时缩放：多个非摄像机视图同时等倍率放大或者缩小。

5）对象居中：用于将激活的非摄像机视图中的所有对象居中显示。

6）当前对象居中：用于将激活的非摄像机视图中的当前选中的对象居中显示。

7）在各视图对象居中：用于将所有非摄像机视图中的所有对象居中显示。

8）在各视图当前视图对象居中：用于将所有非摄像机视图中已被选中的对象居中显示。

9）局部区域放大显示：对于正交视图和用户视图而言，该按钮用于将一个选定的区域进行放大显示。

10）透视图视角调整：对于透视视图而言，该按钮用于改变透视视图的视角范围，相当于调整摄像机或者照相机的光圈大小。

11）用于在多视图布局和单视图布局之间切换。

12）在鸟瞰效果图中，由于场景比较大，所以经常使用 group（组）。

11.2.2 建立基本几何对象

1.3ds max 中提供了几十种基本的几何对象，为创建复杂的模型提供了建模的基础形体。用这些基础形体，配合适当的建模方法，就可以建立出任意复杂的模型。3ds max 中提供的基本几何对象可以分为三大类别：标准几何体原型、扩展几何体原型和二维型对象。创建命令面板提供了创建 3ds Max 对象，通常分为七个类别（图 11-9）：

图 11-9

Geometry（几何体）：包括了一些简单的几何体原型，如立方体、球体和柱体，以及一些复杂的对象，如放样、布尔和粒子系统等。

Spine（曲线）：样条曲线和 NURBS 曲线

Light（灯光）：用来照亮场景和提高对象可见度的光源。

Camera（摄像机）：提供场景的一个观察角度和视野，并且提供了和真实摄像机相似的特性，用来模拟真实摄像机的效果。但是，它的运动和控制比真实摄像机要灵活。

Helper（帮助对象）：辅助结构场景，用以帮助定位、测量和动画场景中运动载体，其自身不能被渲染。

Space warps（空间扭曲对象）：这些对象用于模拟存在于场景空间中的力学效果，重力、风、弹力等。主要用于动力学模拟和粒子系统运动中。

System（系统对象）：是一类特殊的对象，它结合了模型对象、控制器、层级关系等综合属性，为某一种特定的行为提供控制。典型的系统对象是骨骼系统、日光系统和环形阵列系统（图11—10）。

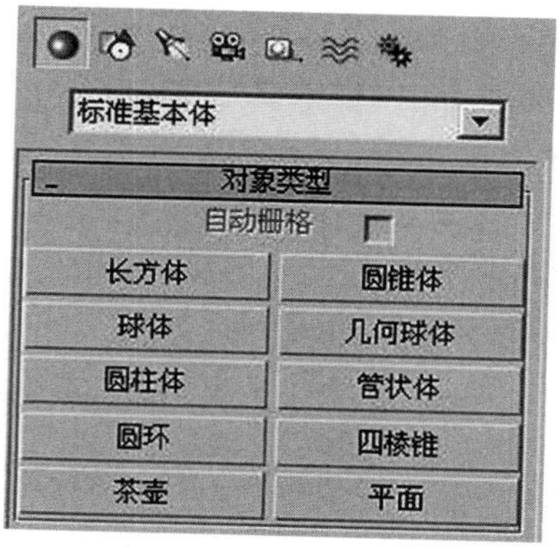

图11—10

2．这里着重介绍一下几何体对象。每一种分类对象的具体项目以按钮的方式陈列出来，并可以为所创建的对象确定名称和颜色。

1）Box 长方体

建立一个盒子对象。它提供两种创建方式：Cube 和 Box（立方和盒子）。立方方式只要确定立方体只能中心与外接球半径，即可生成一个立方体。盒子方式可以建立自由的六面体，操作步骤为：点→拖→放→拖→点，需要建立的参数包括长、宽、高的数值和分段数。Generate Mapping Coords 选项用于控制是否自动生成贴图坐标。

2）Cone 圆锥体

该项建立一个圆锥或圆台对象。它提供两种创建方式：Edge 和 Center（边和中心）。这两种方式的区别在于：前者固定圆锥（台）对象底面圆边上的一点，后者固定圆锥（台）对象底面圆的中心。操作步骤为：点→拖→放→拖→点→拖→点。选中 Slice On（切开）复选框可以建立扇形锥体，其下的两个参数值是起始和终止角度值。

3）Sphere 球体

该项建立一个由多个小四边形构成的经纬球。它提供两种创建方式：Edge 和 Center（边和中心），其区别同 Cone。操作步骤为：点→拖→放。参数设置较为简明，提供了 Hemisphere（半球）参数和 Slice On（切开）开关。Chop 和 Squash（肋和压扁）控制半球截面网格线在切割时是否进行压缩。Base To Pivot（基于中心点）控制半球与切割的效果是否依赖于原球体的中心点。Generate Mapping Coords（生成贴图坐标）建立了一种形体设定贴图坐标。

4）GeoSphere 几何球体

该项建立一个由多个小三角形构成的几何球，它和 Sphere 的主要区别是两者所基于的球体绘制算法不同，因此调整相应参数可以得到不同的外观。它提供两种创建方式：Diameter 和 Center（直径和中心）。区别是前者确定球的直径而后者确定球心。操作步骤为：点→拖→放。除了 Geodesic Base Type（测量学基类型）参数，其他参数设置大多与 Sphere 类似。利用该参数可以选择以何种方式拟合或逼近球体。当分段数为1时，大家能明显地看到 Tetra（正四面体）、Octa（正八面体）、Icosa（正二十面体）三个参数的区别。

5）Cylinder 圆柱体

该项建立一个圆柱，其建立参数和操作与圆锥类似，只是生成的顶面圆半径和底面圆一样大，它是圆锥对象的一个特例。

6）Tube 管状体

该项建立一个圆管。它提供两种创建方式：Edge 和 Center（边和中心），其区别同建立圆锥对象类似。操作步骤为：点→拖→放→拖→点→拖→点。参数设置也与圆锥类似。

7）Torus 圆环

该项建立一个类似面包圈的环面体。它提供两种创建方式：Edge 和 Center（边和中心），其区别同建立圆锥对象类似。操作步骤为：点→拖→放→拖→点。参数设置增加了 Rotation，Twist 控制环面体的表面沿着环形路径方向扭曲的角度，可以改变 Smooth 选项来控制是否对每一段，每一条边或者两者都进行光滑处理。

8）Pyramid 四棱锥

该项建立一个金字塔对象。它提供两种创建方式：Base/Apex 和 Center。前者先确定金字塔对象矩形底面的一个顶点，接着确定其对角顶点以确定底面。后者先确定金字塔对象矩形底面的中心，接着确定其中任一顶点以确定底面。参数设置包括长、宽、高的数值以及分段数。

9）Teapot 茶壶

该项可以建立一个茶壶对象。它的创建类似于球体，并且可以控制其部件的显现。参数设置中 Body 为壶体，Handle 为把手，Spout 为壶嘴，Lid 为壶盖。

10）Plane 平面

该项用于建立一个无厚度的平面对象，如水面、平原等大型表面的制作。参数设置中的 Render Multiplier（渲染倍增器）功能比较独特，它允许你在场景中建立的 Plane 尺寸和分段数与在渲染时不一致，或者在渲染时，放大（或缩小）在场景中建立的 Plane 尺寸与分段数。这样不再需要为表现地面而建立一个巨大的网格对象（通常是 Box 对象），而只要在场景中建立一块小的参考地面即可（使用 Plane 对象）。

11.2.3 常用选择方法工具

要对一个对象进行操作或者施加命令之前，必须首先选择这个对象。在大多数情况下，要同时操作的对象不止一个，而是一批对象或者子对象，这时就要用到对象选择集的概念。对象选择集就是指多个被选择对象构成的集合。命名选择集，即用一个名称标志一个对象选择集，以便将来多次调用。从本质上讲，命名选择集只是给多个对象的集合起了个名字标志，它定义了多个对象和单个对象之间的一种"临时合并"的关系。命名选择集的操作如下：首先选择单个对象，然后在工具栏中的命名选择集区域中输入选择集的名称，最后按回车键确定。这样，以后在该区域选择这个名称，就可以快速选中这个对象的选择集。另外还可以通过编辑菜单中的"编辑命名选择集"命令，对命名选择集进行编辑操作，例如交集、并集、减集等（图 11—11）。

区域(G)	►	窗口(W)
		✓ 交叉(C)
编辑命名选择集...		

图 11—11

1. 具有选择功能的命令：发这些命令，可以用鼠标选择对象。当对象可以被拾取时，鼠标指针会变成一个十字光标。选择的基本操作是在对象上方单击。单击一次只可以选择一个对象（图 11—12）。

图 11—12

　　選択工具

　　選择并链接工具

　　选择并移动工具

　　选择并旋转工具

　　选择并放缩工具

2. 如果想选择多个对象，可以按住 Ctrl 键，连续在不同对象上单击即可。一次选择多个对象时，可以使用区域选择，即用鼠标拖出一个区域选择框来选择对象。用区域选择方法选择对象的方式有两种：

　　（交叉选择），即选择区域经过和包含的对象都被选择；

　　（包含选择），即只有被选择区域包含的对象才被选择。

　　区域的形状可以有四种分别用于不同的场合。

　　矩形选择区域

　　圆形选择区域

　　多边形选择区域

　　套索选择工具

　　绘制选择区域

3. 　菜单选择可以点击在弹出的对话框内按名称选择对象，可以按住 Ctrl 键，连续在不同对象上单击即可。可以按住 Shift 键，分别点首尾，这样首尾包括中间连续一排对象可以同时选中。选择对象是 3ds max 中最为频繁的操作，Ctrl 键＋区域选择，为选择集中增选新的对象；Alt 键＋区域选择，为选择集中减选已选中的对象。另外，可以通过编辑菜单中的选择命令：取消选择、全部选择和反向选择来选择对象。还可以通过对象的名称、颜色和类别进行选择。要想取消对象的选择，只要单击场景空白处即可。

4. 视图控制显示和隐藏命令

　　有些情况下，场景中的对象很多，将其隐藏，在必要时再将其显示出来。显示和隐藏命令在快捷菜单和显示控制命令面板中（图 11—13）。如果你暂时只想对某一个对象进行操作，但是其他对象的位置和形状对于该对象的操作有参考意义，不能隐藏，为了避免误选其他对象可以把暂时不操作的对象冻结起来。被冻结的对象可以在场景中被观察到，但是不能被选择。冻结命令

图 11—13

和取消冻结命令在快捷菜单和显示控制命令面板中。如果需要长时间对某一个对象或者对象选择集进行操作，可以实用状态栏中的 ![lock] 锁定选择集按钮将其锁定。所谓锁定，就是指当前的选择集不会被取消，也不会被改变。

5．对象居中显示工具，3ds Max 提供了 Isolate（独立）工具。该工具的作业就是将选中的对象居中显示，并且将其余的对象暂时隐藏，这使得对对象的专门操作变得更加方便。此工具非常有用。在对象中右击，选择命令即可。如果多个对象被选中，仍可应用 Isolate Selection 命令。

11.2.4 基本的图形复制方法

1．直接拖动可以复制

1）移动命令：可以让所选物体按指定方向进行位移。

2）旋转命令：可以让所选物体按指定角度进行旋转。

以上两个命令，在操作时，选中实体，按住 Shift 键，拖动距离在实体上单击，弹出复制对话框，该对话框中包含三种图像复制命令，即 Copy、Instance 和 Reference。三种生成方式的区别如下。

（1）Copy（复制） 新生成的对象即为原对象的独立复制件。复制后的对象与原对象相同，且与原对象脱离，对原对象的加工不会影响到复制件。

（2）Instance（关联） 新生成的对象与原对象相同，但具有不同的属性。对于原对象的加工会引起原对象与新生成对象的共同变化。

（3）Reference（引用） 对象的引用是与原对象有单项联系的不同属性的复制件。对原对象的加工会影响到新生成的对象，而对新生成对象的加工则不会影响到原对象及其他引用对象。选择确认后就生成一个位置不同，形状相同的新实体。

2．镜像复制命令

镜像后的新生成对象与原对象是相同的，只是产生了镜像的变化。这在创建特殊场景时能充分表现出立体效果。

3．阵列复制命令

阵列复制后的新生成对象与原对象是相同的，可以一次产生多个复制对象，并且按指定尺度有序排列。这在创建场景时能充分表现出计算机作图的优势。

11.2.5 修改编辑器

修改编辑器（Modifier）是最主要的对象加工工具。通过它几乎可以实现对任意对象的修改，它主要有以下几种类型：选择编辑修改器、世界空间编辑修改器、对象编辑修改器。

1．编辑修改器堆栈

笔记修改器堆栈 Modifier Stack 是 3ds Max 中又一项独特而强大的编辑修改工具。事实上它是大部分创建集编辑过程的存储区。

利用编辑修改器堆栈，可以动态地改变对象的每一创建参数，即将编辑修改器添加到堆栈中以实现对选择对象的编辑控制。如果你对先前的编辑工作不满意，可以随时进入编辑修改器堆栈中进行再编辑，直到满意为止。这时，已经进行的所有修改工作也将自动纪录在编辑修改器堆栈中，并取代上次修改的结果。同时，这次修改将会影响到所有位于其上面修改器的编辑效果。

2. 基本三维对象的加工

编辑修改器堆栈对三维对象的加工，编辑修改器中包含多种修饰命令，它们分别适用于不同的对象。本节主要介绍几个适用于三维对象加工的编辑修改命令。

1）Bend（弯曲）

弯曲修改编辑就是沿所选的某一轴向对一个对象进行弯曲操作。制作一个弯曲的柱例子（图11—14）。

注意：被弯曲的物体必须有足够的分段（图11—15），否则不能表现弯曲效果。

2）Lattice（晶格）

Lattice（晶格）是根据对象的段（Segment）形成对象的命令，用途十分广泛，常用于创建玻璃幕墙、栏杆、网架等柱形对象。晶格的分格显现按照实体分段（图11—16）。

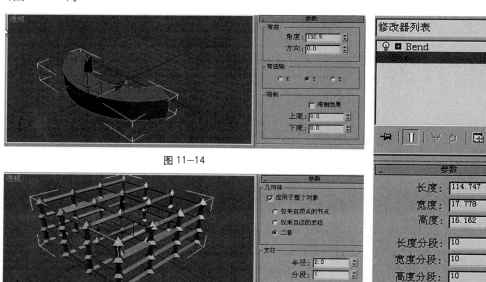

图11—14

图11—16

图11—15

3）Noise（杂波）

在3ds Max中该命令使对象的表面或材质的贴图产生自然的不规则的扭曲变化。这样的变化是随机产生的，然而最终却会生成有机的对象外观。例如，我们可以利用一个平面生成凹凸不平的石头，或者将一个长方体变为重峦起伏的山川（图11—17）。注意：一定要有足够的分段数。

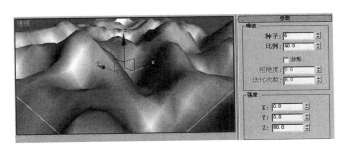

图 11—17

11.2.6　二维型对象的创建与修改

1．3ds Max 提供了11种二维型对象创建（图
11—18）。

1）Line（线）：用来绘制任意线。

2）Rectangle（矩形）：用来创建带有圆角的
矩形。参数中有长、宽和圆角半径。

3）Circle（圆形）：用来创建圆形。

4）Ellipse（椭圆）：用来创建椭圆。参数有
长轴和短轴。

图 11—18

5）Arc（弧形）：用来创建弧形，参数有半
径值以及起、始弧度值。PieSlice 选项控制造成
接弧的顶点和圆心，以形成饼式图。Reverse 选项用于控制弧线的第一顶点的
位置。

6）Donut（同心圆）：用来创建同心圆，参数为两圆的半径。

7）Ngon（多边形）：用来创建带有圆角的多边形。可以选择以内切或外接
的方式创建多边形，并可以将多边形圆化。

8）Star（星形）：用来创建星形。可以控制内外角的半径、角数、角齿的
扭曲以及两个顶角的倒圆半径。

9）Text（文本）：用来创建文本。能够直接支持系统中文字体，这是3ds
max 优越于其他三维软件的一个特点。在这里，可以选择需要的字体、斜体、
下划线、左对齐、右对齐、居中和左右对齐，可以控制字体大小、行间距和字
间距的大小。

10）Helix（螺旋线）：用来创建螺旋线。参数有两端半径、高度、圈数和
松紧度。

11）Section（截面线）：用来创建截面轮廓线。用法是在视图中创建
Section 型对象，并在视图中调整它，使之与场景中的其他对象相交，再单击
Create Shape 按钮，在相交截面上产生截面轮廓线。Section Extents 选项组用于
控制截面型对象如何与其他对象相交。Infinite 指的是截面型对象边界可无限延
伸，无须与其他对象相交就可产生截面轮廓线。Section Boundary（截面边缘）

指的是截面型对象边界不可无限延伸，必须与其他对象相交才可产生截面轮廓线。Off 用于关闭产生截面功能。

2．基本二维对象修改命令

1）Extrude（挤压）：挤压给二维形体以厚度，它与放样功能上有些类似，很像将二维形体沿着直线进行放样。但实际上它是通过形体的片数来控制挤压形体的复杂度，在这方面与放样有本质上的不同。

2）Lathe（车削）:Lathe 命令也可以把二维对象转换成三维模型。Lathe（车削）来源于机械制造中物件加工的一种方法，它可以使一条曲线绕一定的轴向旋转而形成一个三维对象。一般来说，凡是具有一定旋转规律的三维对象几乎都可以用 Lathe（车削）方法生成，例如瓶子、轮子、盘子等

3．Bevel（倒角）

Bevel（倒角）修改编辑器的是分段给不同宽度截面，它能使你的作品增色不少。虽然通过放样也可以生成带倒角的对象，但在实际应用中你会发现，用 Bevel 命令将会带来更大的方便。

4．放样

放样对象是将二维图形沿第三根轴向挤出来创建新的合成对象的方法。因此，需要两条或多条样条曲线来创建放样对象。其中一条用作路径，其余的用做截面。沿着路径将截面安排好后，3ds Max 将在样条之间生成表面。例如：五角星与螺旋线放样生成冰激凌（图 11—19）。

图 11—19

另外还可以在路径上放置多个截面图形，路径则成为形成对象的框架。如果你在路径上仅指定一个截面图形，3ds Max 会在路径末端产生一个相同的截面，然后在截面之间产生曲面。

1）Creation Method（创建方法）卷展栏（图 11—20）

（1）Get Path（获得路径）：该按钮使得当前选中的曲线用作截面图形，并可以选择另外一条曲线作为路径。

（2）Get Shape（获得截面）：该按钮使得当前选中的曲线用作路径，并可以选择另外一条曲线作为截面图形。

（3）Copy/Move/Instance（复制／移动／关联复制）：该选项用于设置操作对象转化为合成对象的方式。操作对象可以转化为复制对象或相关复制对象，

或者把原始对象移动而不产生复制对象。

2）Path Parameters（路径参数）卷展栏

（1）Path（路径）：该数值区域用于设定路径层级。如果 Snap（捕捉）打开，数值将按捕捉增量跳跃变化。该数值依赖于其下方的测量方法参数。

（2）Snap（捕捉）：设定捕捉增量的大小。该数值依赖于其下方的测量方法参数。

（3）On（打开）：用于控制 Snap 参数是否有效的开关。

（4）Percentage（百分比）：用路径总长的百分比来表示路径层级。

（5）Distance（距离）：用路径总长度来表示路径层级。

（6）Path Steps（路径步数）：用路径步数来表示路径层级。

图 11-20

11.2.7 3ds max 摄像机与渲染出图

Target（目标式）摄像机是三维场景中常用的一种摄像机。因为这种摄像机有摄像机点和目标点，所以可以在场景中有选择地确定目标点，通过摄像机点的移动来选择任意的观看角度。

在创建命令面板的 Cameras（相机）📷 选项组中单击 Target（目标式）**目标** 按钮，建立目标摄像机，将鼠标指针移至 Top 视窗。选择适当位置，按下鼠标左键，建立摄像机点，拖动鼠标选择观看角度放置目标点。现在已经在视图中建立了一个摄像机。

在任意视图内按 C 键可以切换至摄像机视图，这个视图就是透过摄像机所看到的场景。单击工具栏中的（图 11-21）按钮，分别对摄像机进行调整，同时可以在摄像机视图中看到实际的调整结果，也可以使用工具栏中的工具在摄像机视图中直接进行调整（图 11-22）。

 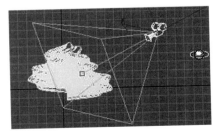

图 11-21（左）
图 11-22（右）

右键激活相机视图，F9 我们就可以看见相机视图，快速渲染的效果。

🖥 可以打开渲染对话框，设置出图（图 11-23）。在（图 11-24）渲染输出对话栏中给出出图路径。

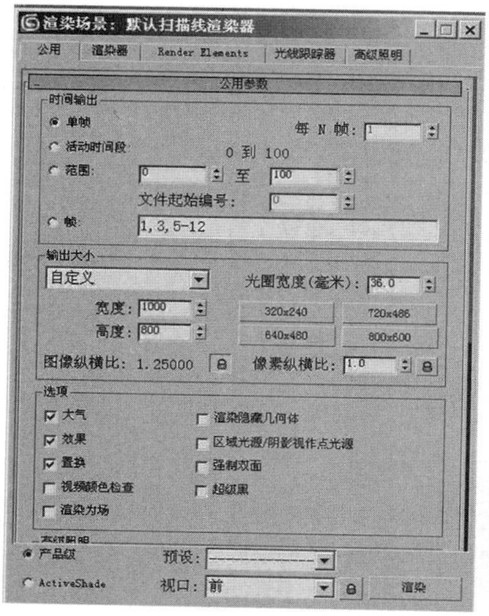

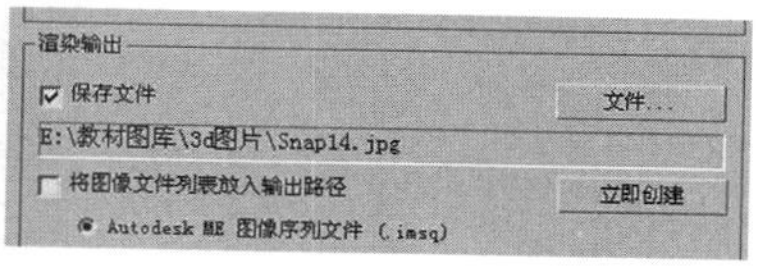

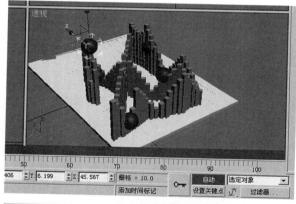

图 11—23（左）
图 11—24（右）

11.2.8 启动动画

3ds Max 具有强大的动画功能，我们可以利用自动动画按钮 自动 激活动画系统，让实体在图中运动起来（图 11—25）。

设置动画关键帧控制器，在不同节点给出位置移动，如下图，在关键帧控制器留下关键帧节点（图 11—26）。点击放映按钮，设置的物体就在当前视窗里活动起来。

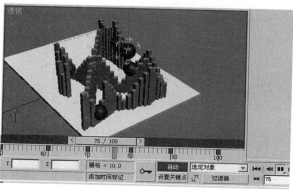

图 11—25

图 11—26

11.3 作业 24——电脑软件建模空间形体的练习

11.3.1 作业要求

1. 利用使用 3ds Max 三维电脑软件，依据立体构成模型制作，模块中"空间形体的练习"作业绘制立体构成，并制作从不同角度与距离视图，反映空间状态。

2. 作业图量：一个 max 图，3 个不同视角渲染相机视图交 jpg 图。

3. 图片大小要求满足 25cm×25cm，分辨率达到 300dpi。以便作品完成后，清晰打印出图。

4. 后续学时：20 课时

5. 这项作业的成果将由教师最后编辑成"立体构成手册"，便于以后专业课程使用和查阅。教师将该手册打印装订成册作为专业图书馆的自编资料。

11.3.2 评分标准（100 分）

序号	阶段	总分	分数控制体系	分项分值
			电脑软件建模空间形体的练习评分标准	
1	图形表达	30	符合图面尺寸标准	10
2			选择的图形能够很好地表达情感内涵	10
3			图形构图和谐，排列有序，符合构成原理	10
4	3D MAX应用	70	实体排列位置准确	20
5			合理利用编辑命令，达到相应效果	20
6			实体命名编组管理有序	10
7			图片3个角度渲染出图，正确格式存盘	10
8			图形边界清晰，图片精度达到300dpi	10
	总计	100		100

11.3.3 范例与评语

1. 范作（图 11—27）

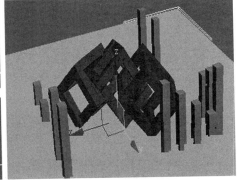

图 11—27

2. 范作制作步骤

1）右键激活顶视图，左键创建实体命令板，点击创建一个长方体，创建方法选择立方体，在顶视图用鼠标点击拖动，生成一个长方体（图11-28）。

2）选中所创建长方体，左键修改命令板，修改长方体参数如图（图11-29）。

长度：100，宽度：100，高度：100，点击右下角看图工具 ，让立方体在当前视图显示最大。

3）点击修改命令板，从修改器列表中选择晶格命令，修改参数（图11-30），选择仅来自边的立柱，立柱参数为：半径：10 边数：8 末端封口。完成效果（图11-31）。

图11-28

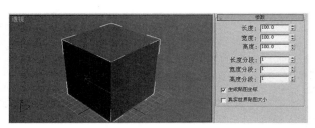

图11-29

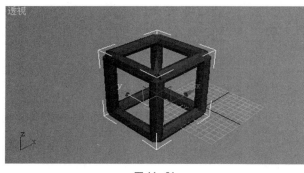

图11-31

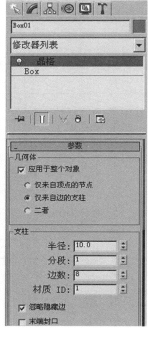

图11-30

4）在顶图中，按住 Shift 键，左键 移动命令，拖动立方体框架。在跳出的对话框修改选项（图11-32）。

点击 让实体在视图中全显，完成复制效果（图11-33）。

5）激活顶视图，用 旋转命令，调整三个框架的位置关系（图11-34）。

分别旋转两个 box，结合 移动命令，达到希望效果，如图11-35 所示。

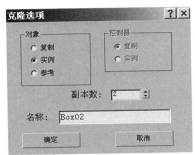
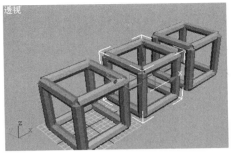
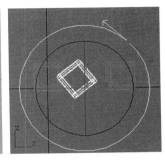

图 11-32（左）
图 11-33（中）
图 11-34（右）

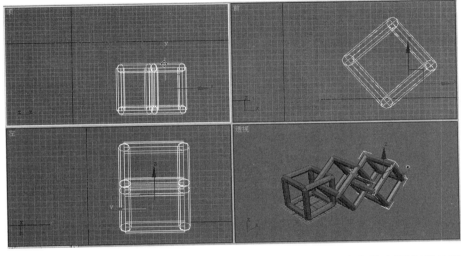

图 11-35

6）在框架边上创建长方体，用 Shift 键移动复制。在跳出的克隆选项对话框设置选项，如图 11-36 所示。

7）分别选中各个复制长方体，修改高度。如此反复建立立柱实体，并按照高低排列效果，如图 11-37 所示。

8）重复第 6 步骤，排列 box，最后完成如图 11-38 所示。

评语：以上立体构成模块中的电脑软件建模空间形体的练习范图，构图符合空间形体的练习作业要求，从作品中看出，制作过程应用了 3ds Max 三维电脑软件的应用命令，对 3ds Max 三维电脑软件制作建模有较好掌握，可以在以后的学习设计中充分发挥软件处理手段。

图 11-36

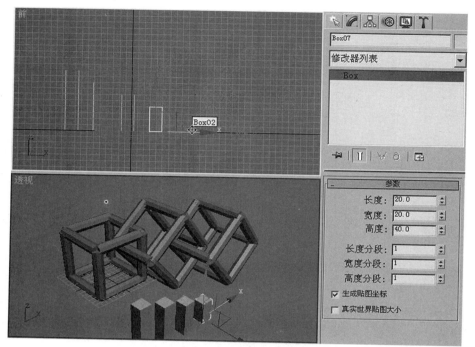

图 11-37

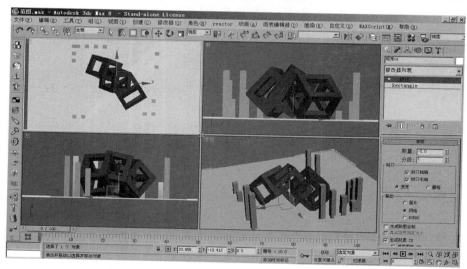

图 11-38

3. 学生作品

1）学生习作一（图 11-39）：

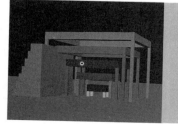

图 11-39

评语：以上立体构成模块中的电脑软件建模空间形体的练习作业，充分表现空间构架，构图符合空间形体的练习作业要求，从作品中看出，制作过程应用了 3ds Max 三维电脑软件的应用命令，该学生对 3ds Max 三维电脑软件制作建模有较好掌握，可以在以后的学习设计中充分发挥软件处理手段。

2）学生习作二（图 11-40）：

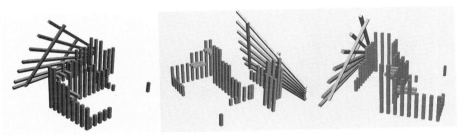

图 11-40

评语：以上电脑软件建模空间形体的练习作业，充分表现空间构架，形体简单但排列出一定的节奏韵律，构图符合空间形体的练习作业要求，从作品中看出，制作过程应用了 3ds Max 三维电脑软件的应用命令，但手段过于单调，该学生对 3ds Max 三维电脑软件制作建模有一些掌握，可以在以后的学习设计中不断提高软件处理手段。

3）学生习作三（图 11-41）：

图 11-41

评语：以上电脑软件建模空间形体的练习作业，充分表现空间块面与球体的结合，形体简单但排列出一定的节奏，球体带出运动韵律，构图符合空间形体的练习作业要求，从作品中看出，制作过程应用了 3ds Max 三维电脑软件的应用命令，但手段应用不够丰富，该学生对 3ds Max 三维电脑软件制作建模有一些掌握，可以在以后的学习设计中不断提高软件处理手段。让设计表现跟上活跃的思维。

4）学生习作四（图 11-42）：

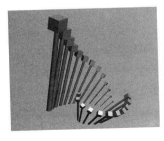

图 11-42

评语：以上电脑软件建模空间形体的练习作业，充分表现空间块面连续排列，形体简单但排列出巧妙的结构，螺旋带出运动韵律，构图符合空间形体的练习作业要求，从作品中看出，制作过程应用了 3ds Max 三维电脑软件的较多应用命令，但手段丰富，体现出该学生对 3ds Max 三维电脑软件制作建模热情，表现出较强的学习能力，可以在以后的学习设计中不断提高软件处理手段。让设计表现为活跃的设计构思添上翅膀。

11.4 SketchUp 软件的界面介绍

　　SketchUp 自从 2004 年以来，在世界各国的设计相关行业中慢慢普及起来，发展十分迅速。第四节主要简明扼要的介绍 SketchUp 的基本概念及其涉及的行业、软件基本界面、软件基本操作，让学生对 SketchUp 有个简单的了解。SketchUp 是一个表面上极为简单，实际上却是极其快速和方便地对三维创意进行创建、观察和修改的有效工具。在设计过程中，我们通常习惯从不十分精确的尺度、比例开始整体的思考，随着思路的进展不断添加细节。当然，如果你需要，你可以方便快速进行精确的绘制。与同样是 3D 软件的 MAX 相比，不同的是，SketchUp 针对的是我们所要的目标，根据设计目标来层层推敲、慢慢琢磨，从而向自己想象的结果步步靠近。在整个过程中，由于 SketchUp 的随意性结合设计师的联想创造性，会得出更有艺术感染力的作品。而 MAX 是针对已有的结果来进行塑造模型，并做出写实的效果。两者各有其优势。就设计主动性而言，SketchUp 更胜一筹，更适合设计的推敲与研究。SketchUp 为我们提供了全新的三维设计方式——在 SketchUp 中建立三维模型就像我们使用铅笔在图纸上作图一般。它的建模流程简单明了，就是画线成面，而后挤压成型，这也是建模最常用的方法。

　　同时，SketchUp 具有徒手化的操作方式，使得软件的操作简单容易上手。SketchUp 的使用范围相当广阔，涉及城市规划、建筑设计、园林景观、室内设计、工业造型设计等设计相关领域（图 11—43）。

　　SketchUp 在建筑项目中，建筑师使用 SketchUp，可以随心所欲地表达方案设计中的即时想法。通过三维的形体表现让设计师可以更加直观地了解自己的作品。SketchUp 在建筑设计的细节上表现也是完美的。通过 SketchUp 对建筑的表现，我们不难得出一个结论，这款软件是所有进行建筑方案设计的软件中非常优秀的。运用 SketchUp 的一键显示剖面的快捷方式来剖切建筑模型，从而更直接显现建筑的内部结构。在建筑项目的文本中 SketchUp 的图纸可以作为对建筑本身的体量分析，配合效果图更进一步阐述建筑的设计（图 11—44）。

　　在室内设计中，SketchUp 可以方便快速地完成三维室内设计。相对于其他二维软件，使用 SketchUp 更加直观，也不像其他三维软件那样难于编辑。在室内设计制图中，我们可以根据 cad 所绘制的内墙线作简单的操作而形成立体的。再利用平时制作和搜集的 SketchUp 组件对我们的设计空间进行合理的摆放、

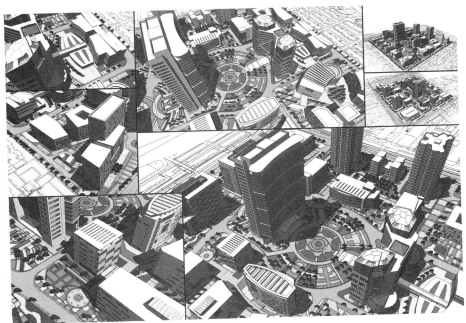

图 11—43

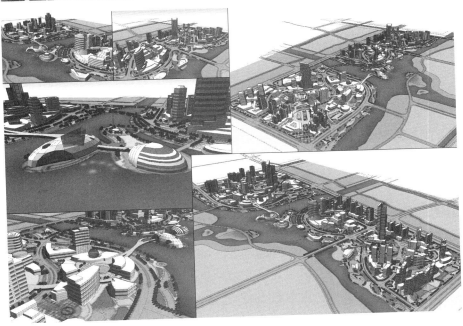

图 11—44

布置。以简单的手法，较少的时间作出惊人的效果。

我们可以通过 SketchUp 的制作来表达出一些极为概念的东西，比方一个规划的构思、比方一个建筑形态。在工程项目中，我们可以由这些概念来得出个模糊的数据、模糊形态从而来推出某个理念，这个理念并不是完全实物化的物质，而是个意向、是个概念。这个概念可以给人在思维上有足够的想象空间。SketchUp 这个一特性往往能在我们设计的创作过程中得到出乎想象的收获从而使工具与思维形成了专业的互动。

11.4.1 SketchUp 软件的安装

1. 安装 SketchUp 软件

现以 SketchUp 的 6.0 版本为例。双击安装程序，根据相关提示提示安装 SketchUp 6.0。

SketchUp 还有一些 SketchUp 高手用 Ruby 语言编写的插件、制作的组件以及丰富的贴图库。在实际工作中很有帮助，这些插件、制作的组件以及丰富的贴图库也要安装后才能使用。

2. SketchUp 插件的安装

关闭 SketchUp 的程序。从插件安装光盘里，将所选插件复制到 x:\Program Files\@Last Software\SketchUp 6\plugins 下即可。注意，插件的版本事先要弄清楚，不同版本的插件是不兼容的，例如 SketchUp 4 的插件 SketchUp 5 中就无法使用。

安装后会在 SketchUp 的菜单栏中出现 plugin6 的菜单（图 11-45），点选后会弹出所安装的插件。

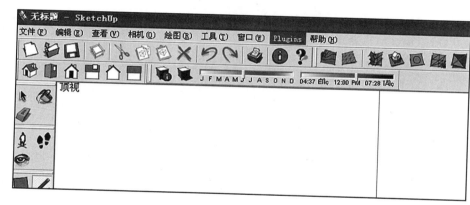

图 11-45

3. SketchUp 组件的安装

SketchUp 的组件相当于 cad 中自带的块，也就是事先做好的模型。我们可以在 X:\Program Files\@Last Software\SketchUp 6\components 中找到，安装 SketchUp 后，它本身就自带了些组件。SketchUp 的组件库是不断更新的，我们可以在互联网上查到。

根据软件自带组件库，只需将所选组件复制到 x:\Program Files\@Last Software\SketchUp 6\components 下即可。随后我们可以从 SketchUp 的软件界面直接使用。使用方法如下：

鼠标左键点选菜单上 窗口——组件（图 11-46），出现弹出窗口（图 11-47）。

第 1 次使用 SketchUp 的时候，组件的菜单中往往是空的，我们必须在"添加文件夹"中自行将文件找出。组件文件夹为 X:\Program Files\@Last Software\SketchUp 6\components。载入后分为建筑、景观、交通等 8 个文件夹，由此可见 SketchUp 的运用于广阔的领域。

图 11-46（左）
图 11-47（右）

11.4.2　SketchUp 界面与基本命令

SketchUp 界面

打开 SketchUp 程序，我们可以看到的操作界面相当的简洁（图 11-48）。

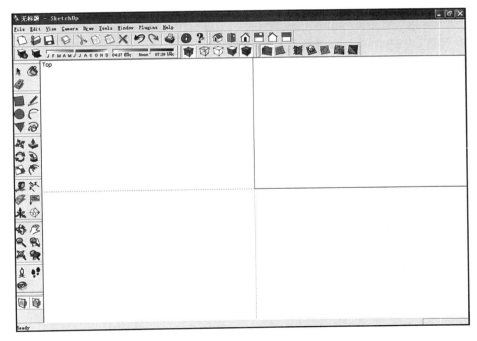

图 11-48

下面讲解 SketchUp 界面上的按钮的作用与相关技巧。

1）选择工具

选择工具

（1）快捷键——空格键（以下快捷键皆为官方设定快捷键）

（2）选择分为点选、框选和跨选。

(a) 点选：可以对该物体进行单击、双击、三击，从而得出不同效果的选择。

单击选择仅仅是选择了该物体；

双击选择则是选择了该物体包括该物体的边；

三击可以选中该物体相连的所有的线和面（图11—49）。

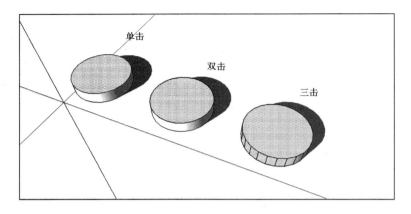

图11—49

(b) 框选：点选空白处由左上向右下框选。

(c) 跨选：或者由右下向左上跨选，选择的效果与Autocad相同。

若要取消选择，在空白处点击即可。若选择出现了错误，要修改选择，可以结合Ctrl键和Shift键来进行修改。按住Ctrl键出现 ，可以逐个选择多个物体。同时按住Shift键及Ctrl键出现 ，可以取消选择以选物体。

2）绘图工具（图11—50）

(1) ■矩形工具

图11—50

(a) 快捷键——B；众多3D软件中必有的工具之一（图11—51）。右下角为绘出矩形长与宽的数值，也可以直接输入。

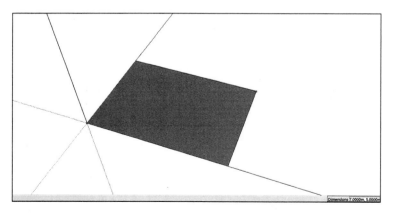

图11—51

(b) 特殊矩形：在使用矩形工具时，会出现对角线，并对角线为虚线的状况。有两种这样的特殊矩形，正方形和长宽比为黄金分割的矩形。正方形（图11—52）：

长宽比为黄金分割的矩形（图11—53）：

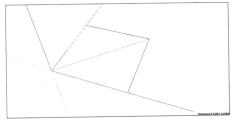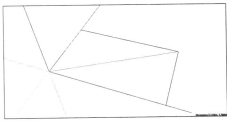

图 11-52（左）
图 11-53（右）

(2) ✐ 直线工具（快捷键——L）

(a) 直线工具既可以封合面（图 11-54）

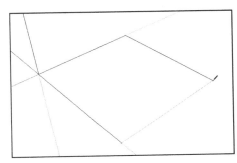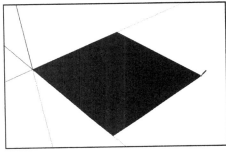

图 11-54

又可以划分面（图 11-55）。

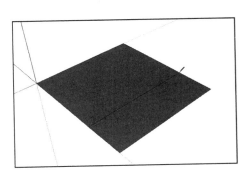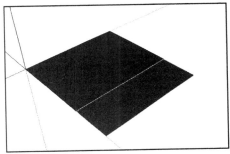

图 11-55

直线工具具有测量的功能（图 11-56）

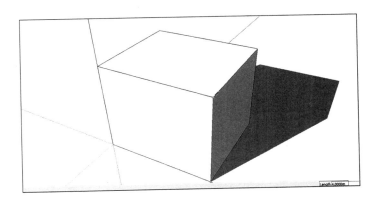

图 11-56

右下角的数值就是两点之间的距离。

（b）不同性质的点在 SketchUp 中呈现出来的颜色。

绿色——端点（图 11-57）

蓝色——在面上的点（图 11-58）

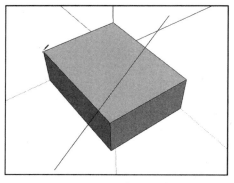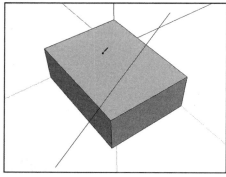

图 11-57（左）
图 11-58（右）

红色——在线上的点（图 11-59）

青色——中点（图 11-60）

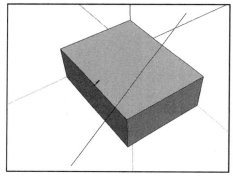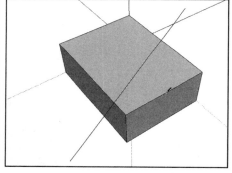

图 11-59（左）
图 11-60（右）

黑色——交点（图 11-61）

（3）⬤圆形工具（快捷键——C）

（a）可画出随意的圆，右下角的数值为该圆的半径大小，也可直接打入数值（图 11-62）。

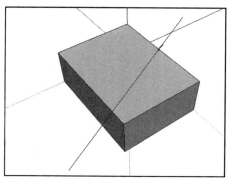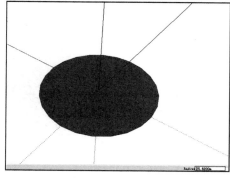

图 11-61（左）
图 11-62（右）

(b) 在 SketchUp 没有绝对的弧线和圆，圆的边线都是由线段来连接的，线段的多少决定圆是否光滑。我们可以通过对边线点击右键进入"模型信息"（图11-63）。

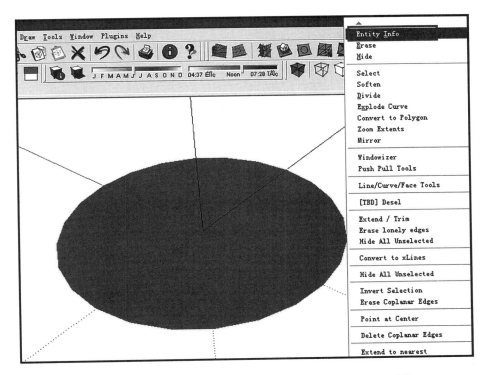

图 11-63

(c) 进入对话框，出现了些被选择物体的相关信息（图11-64）。

(d) 该数值为组成圆的线段个数，默认值为 24，我们可以直接键入数字进行修改。数值越高，圆形越光滑，反之则相对粗糙。根据不同场景修改数值，来达到最佳效果，圆形越光滑就代表着该模型的面越多，数据量越大，所以在圆相对多的时候可以适当地减少边线的数量以达到减少模型量，使得制作效率提高。

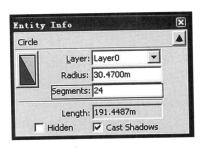

图 11-64

(4) ⌒弧线工具（快捷键——A）

(a) 分别点击绘制出弧的起点与终点后，设定弦长（图11-65）。

(b) 在接着前一段弧的终点绘制第二段弧时会出现青色的弧线，这个表示青色的弧线与先前的弧线相切（图11-66）。

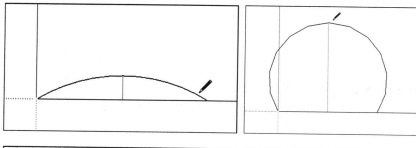

图 11-65

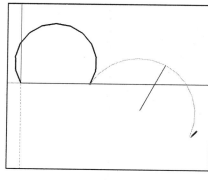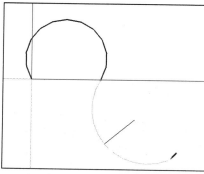

图 11-66

（c）弧线的段数修改与圆的一致，可参照相关操作进行修改。

（5）▼多边形工具（快捷键——Alt+P）

（a）点选多边形工具会出现 6 边形的图案，在右下角的数据框里可以直接键入数值，输入几就是几边形，例如输入 3 就是等边三角形，输入 4 就是正方形（图 11-67）。

（b）然后可以输入中点到端点的半径距离来准确确定图形大小（图 11-68）。

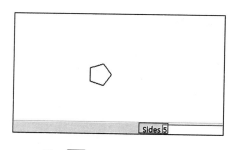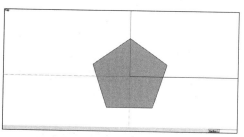

图 11-67（左）
图 11-68（右）

（6）✐手绘线工具（快捷键——Alt+F）

该工具可以在 SketchUp 中自由的绘制出手绘线，我们可以运用该工具绘制出平面的等高线（图 11-69）。

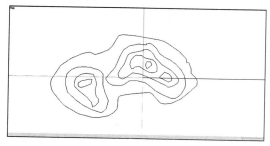

图 11-69

3）编辑工具

（1）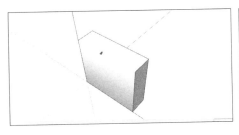删除工具（快捷键——E）。可以删除不需要的线。

（a）按住 Shift+ 删除工具 能将边线隐藏（图 11—70）。

（b）按住 Ctrl+ 删除工具 可以将边线柔化。举例：将该圆柱柔化（图 11—71）。

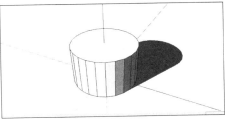

图 11—70（左）
图 11—71（右）

三击即全选该圆柱，对模型点击右键选择"柔化边线"（图 11—72）。

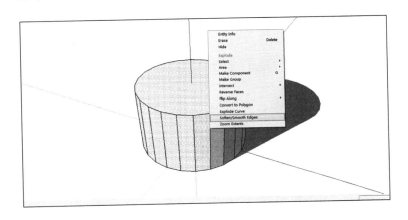

图 11—72

弹出相关的编辑框（图 11—73）。

调节数据条进行编辑（图 11—74）。

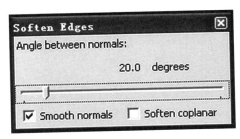

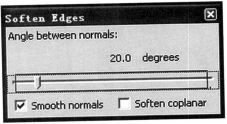

图 11—73（左）
图 11—74（右）

达到满意效果即可（图 11—75）。

（2）移动工具（快捷键——M）

该工具有移动、拉升、复制、矩形阵列的功能。

（a）移动：用选择工具选择某个模型或某个面，然后点选移动工具进行移动，也可以先确定移动方向再输入数值，进行精确移动（图 11—76）。

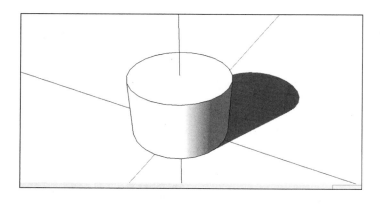

图 11-75

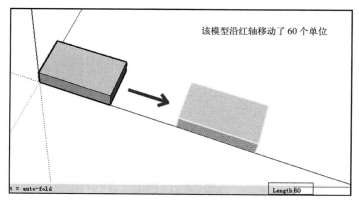

图 11-76

　　(b) 拉升：选择要拉升的面——选定拉升的方向——输入期望拉升的高度 (图 11-77，从左到右)。

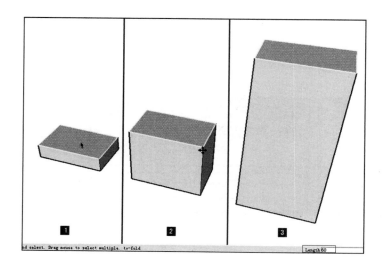

图 11-77

　　(c) 复制、阵列

　　复制：点选移动工具 ![tool] 后，按住 Ctrl 就可以按照选定的方向进行复制 (图 11-78)。

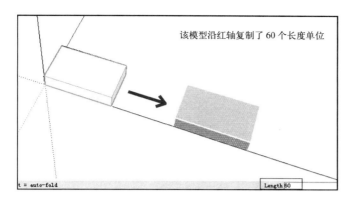

图 11—78

矩形阵列：复制后直接键入"数字+X"即可。例如，我期望某矩形沿红轴阵列 6 个，间距为 30。沿红轴复制，先键入 30，表示复制了 30 个长度单位。然后直接键入"5x"即可。输入的数字比实际期望的阵列个数少一个（图 11—79、图 11—80）。

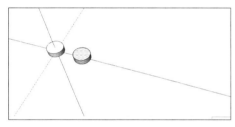 

图 11—79（左）
图 11—80（右）

（3） ⟳ 旋转工具（快捷键——R）

该工具有旋转、环形阵列的功能。

（a）旋转：用选择工具选择某个模型或某个面，然后点选旋转工具，点击旋转的基准点进行旋转，也可以先确定旋转方向再输入角度值，进行精确旋转（图 11—81）。

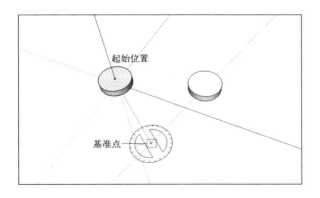

图 11—81

（b）环形阵列：环形阵列的相关操作和矩形阵列，具体操作可以予以参考。

（4） ⬆拉升工具（快捷键——U）

可以将图形由平面拉升成 3D 的立体图形。如果以同样的高度拉升第二个面，用拉升工具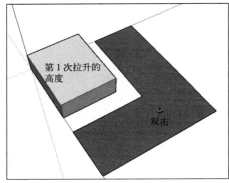双击第二个面即可（图11—82）。

有时候拉升某个面，会出现以下的情况（图11—83）。

在拉升过程中，该面的底部消失了，这时我们用 Ctrl+ 拉升工具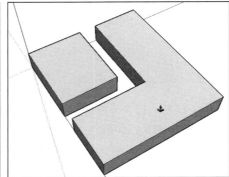，将拉升上去的面再拉升下来来解决（图11—84）。

第1次拉升的高度

双击

图11—82

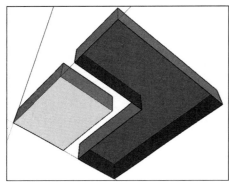
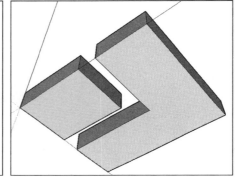

图11—83（左）
图11—84（右）

(5) 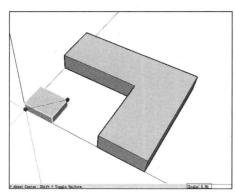缩放工具（快捷键——S）

对基点缩放、对中心缩放。

（a）选择要进行缩放的面或者模型，点选缩放工具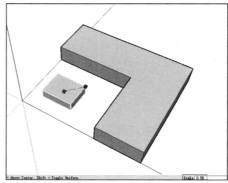进行缩放（图11—85）。右下角可以输入缩放的比例，例如缩小一倍则键入 0.5，回车确认即可。

（b）按住 Ctrl+ 缩放工具，可对该模型进行以模型中心为基准点的中心缩放（图11—86）。

图11—85（左）
图11—86（右）

右下角也可以直接输入缩放的比例。

(6) 偏移工具（快捷键——F）

对线偏移、对面偏移。

(a) 对线偏移：选择要偏移的线，点选偏移工具进行偏移（图11—87），也可键入具体的数值进行精确偏移。

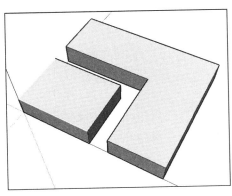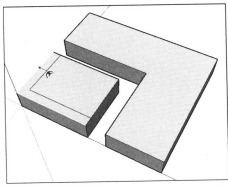

图11—87

(b) 对面偏移：单击或双击选择面进行偏移（图11—88）。

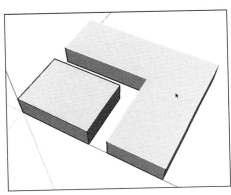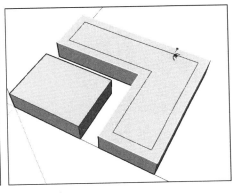

图11—88

这种操作方式结合拉升工具，一般用在建筑的女儿墙的制作上（图11—89）。

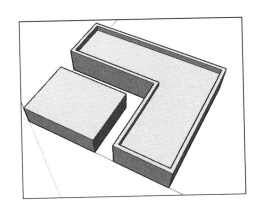

图11—89

（7）　放样工具（快捷键——D)

（a）SketchUp 中的放样工具与 3DMAX 中的放样工具性质相同，都是由放样截面沿着放样路径来操作完成的，注意放样截面应垂直于放样路径。点选放样路径（图 11—90）。

（b）点选放样工具 后，点选放样截面（图 11—91）。

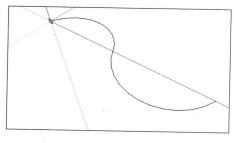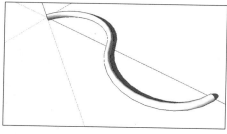

图 11—90（左）
图 11—91（右）

（c）在工程项目中，可以用放样来快速制作出规划建筑的四坡顶。假设这个体块为规划中的建筑体量（图 11—92）。

我们在短边的中点处画出个直角三角形（图 11—93）。

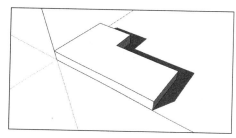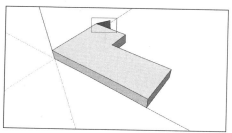

图 11—92（左）
图 11—93（右）

双击或单击点选建筑体量的顶面（图 11—94）。

点选放样工具 ，然后点选直角三角形（图 11—95）。

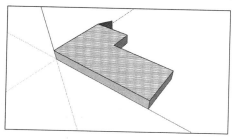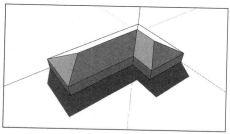

图 11—94（左）
图 11—95（右）

四坡顶的建筑体量就完成了。运用该手法，可以快速地制作出欧式风格建筑单元（图 11—96）。

4）结构工具（图 11—97）

（1）　标注工具

可以标注出边线的长度（图 11—98）。

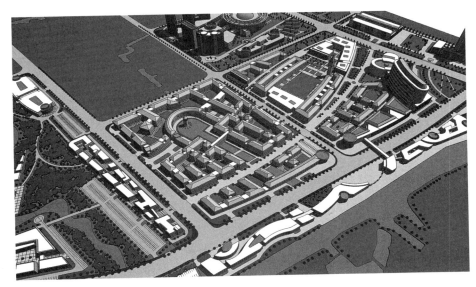

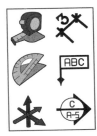

图 11-96（左）
图 11-97（右）

(2) 文字工具

可以直接在 SketchUp 中写入文字，文字总是面向于操作界面。一般运用在表明材质上（图 11-99）。

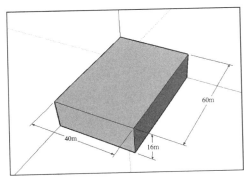

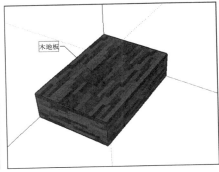

图 11-98（左）
图 11-99（右）

(3) 辅助线工具

既可以测量长度与角度又可以添加辅助线来帮助制作模型。

(4) 坐标轴工具（快捷键——Y）

在建模过程中可以重新定义坐标原点。

5) 剖面工具

(1) 剖切工具

运用该工具结合移动工具与旋转工具，可以对模型做任意的剖切（图 11-100）。

(2) 为剖切面图标显示切换（图 11-101）。

(3) 为剖切显示切换（图 11-102）。

(4) 剖切线设置：窗口——模型信息进入对话框（图 11-103）。

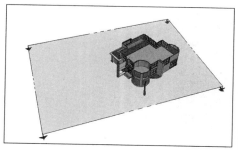
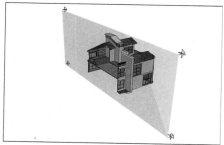

图 11-100

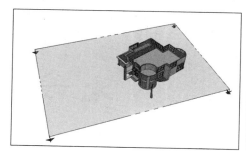
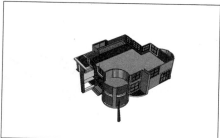

图 11-101

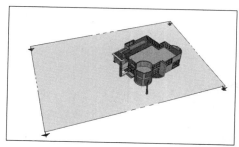

图 11-102

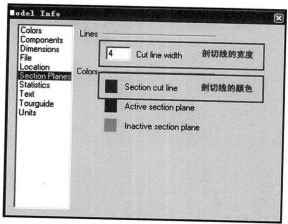

图 11-103（左）
图 11-104（右）

6）相机工具（图 11-104）

（1）视图旋转工具——鼠标中键。

（2）视图平移工具——鼠标中键 + 鼠标左键或者鼠标中键 +Shift 键。

（3）🔍视图缩放工具——Alt+Z。

（4）🔍视图窗口放大工具——Z。

（5）🔍全显视图工具——Shift+Z。

（6）🔍回到前一视图工具——F9。

7）标准视图工具（图11-105）。

图11-105

这里涉及平视、正视等标准视图，以这些标准视图出图时必须将透视效果关掉。

快捷键V（图11-106～图11-113）。

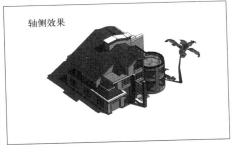

图11-106（左）
图11-107（右）

轴侧

图11-108

平视

图11-109

前视

图11-110

右视

图11-111

后视

图 11-112

左视

图 11-113

在工程项目中，往往用这些标准视图来表示平面图和立面图。

8) 显示模式工具（图 11-114 ～图 11-119)

图 11-114

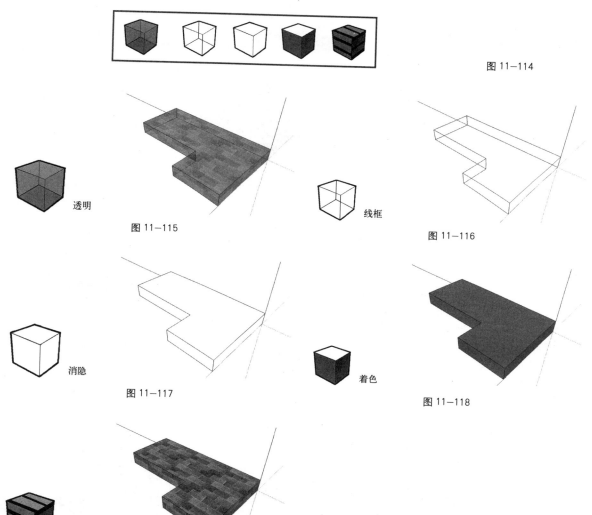

透明

图 11-115

线框

图 11-116

消隐

图 11-117

着色

图 11-118

贴图着色

图 11-119

9）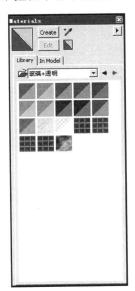油漆桶、材质工具（快捷键——X）

（1）点击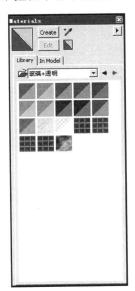，出现材质编辑的选框（图 11—120）。

（2）在此下拉框中有丰富的自带材质（图 11—121）。

图 11—120（左）
图 11—121（右）

（3）选择好合适的材质就可以直接赋予相应的模型上，如果材质与自己想要的效果有少许偏差，可以通过材质编辑器来修改。比如修改材质颜色。在"In Model"中选择已经赋予模型的材质，点选"Edit"进行编辑（图 11—122）。

例如，我期望的是该材质的纹理，但是我需要的色泽是红色。我们运用调色盘进行修改即可（图 11—123）。

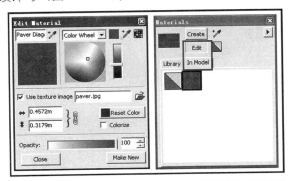

图 11—122

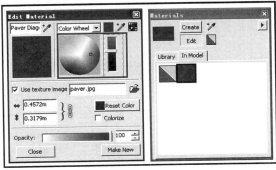

图 11—123

在此还能修改贴图的大小、透明度等（图11-124）。

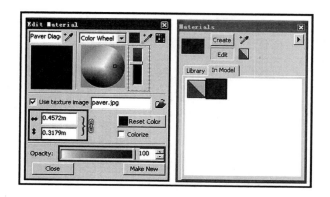

图11-124

（4）赋予材质的方法与技巧

点取选择一个材质，我们可以直接点击模型赋予材质，也可以结合 Ctrl 键和 Shift 键来进行不同效果的材质赋予。直接点击模型赋予材质（图11-125）。

按 Ctrl 键点击模型赋予材质（图11-126）。这样的操作使得与该物体相连的所有面都赋予同一材质，也好比对该面三击后再赋予材质。

按 Shift 键点击模型赋予材质（图11-127）。这样的操作使得原本有相同材质的面，同时更换了材质。有同样材质的面也变相的成为一个层里的物体。

图11-125（左）
图11-126（中）
图11-127（右）

10）阴影工具（图11-128）

图11-128

该工具是 SketchUp 中唯一的灯光工具（全局光），可以由这两个控制条来设置阴影的长短（图11-129～图11-132）。

图11-129

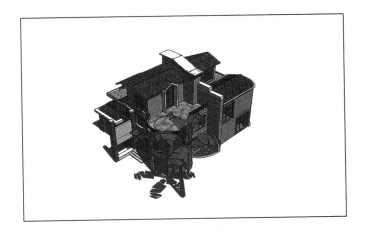

图 11—130

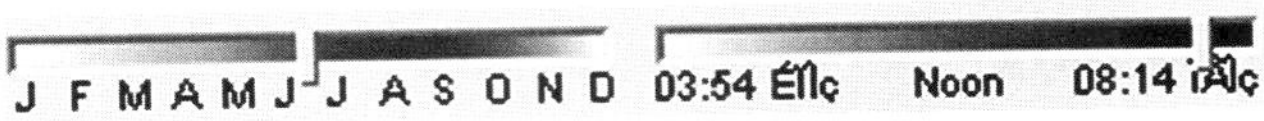

图 11—131

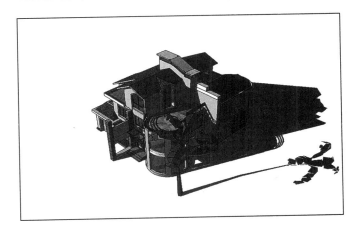

图 11—132

11）Sandbox 工具（图 11—133）

图 11—133

（1）▣造山工具

在实际项目中，往往在某些规划范围里会有高起的山坡，我们可以结合 cad 中的等高线，用 SketchUp 中工具▣来造山。

（2）▣格删工具

可在界面中绘制出格删（图 11—134）。

（3）▣拉伸格删工具

可以结合格删工具▣快速地做出曲面和山体。点击拉伸格删工具▣，输入数值，设置拉升范围，这个数值一般根据项目的设计范围而定。该数值可以不断变化来作出群山的感觉。再点击已绘制出的格删，并向上移动（图 11—135、图 11—136）。

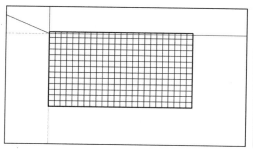
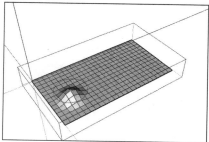

图 11-134 (左)
图 11-135 (右)

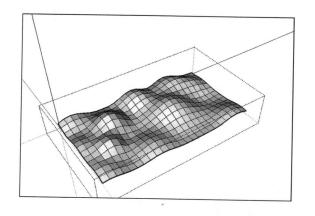

图 11-136

我们可以结合 CAD 的设计平、立面做出以下效果 (图 11-137)。

图 11-137

(4) ▣投影工具

我们可以利用此工具在复杂的山体上开出道路。

(a) 首先画出道路的平面 (图 11-138)。

(b) 将路移动到山体的正上方 (图 11-139)。

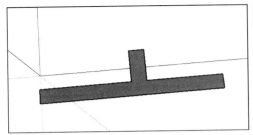 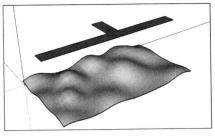

图 11—138（左）
图 11—139（右）

（c）依次操作为，选择路、点选投影工具⬛、点选山体（图 11—140）。

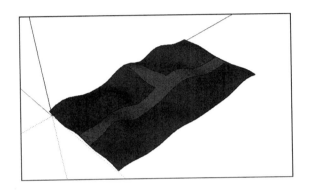

图 11—140

12）其他重要工具

模型交错（快捷键 Alt+I）

模型交错是 SketchUp 中相当重要的建模工具。下面用举例的方式来演示模型交错。

13）组件的管理

在规划项目中，尤其是做到住宅区的规划，往往所用的建筑类型、样式也就几个，如何使模型产生关联，使得做了一个模型，相同类型的模型就一并完成了呢？这里就要用到 SketchUp 的组件。我们先绘制出个立方体，其代表规划中的别墅，三击即全选该立方体后按右键选择"制作成组件"（图 11—141）。

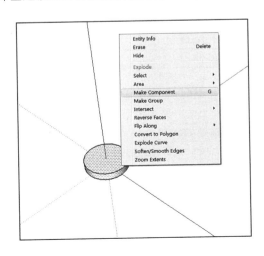

图 11—141

然后将该组件环形阵列3个（图11-142）。

这时我们发现，建筑体量的意向性的屋顶没有加，我们双击进入某一个组件进行修改——添加意向性的屋顶，添加完毕后我们发现，其他的组件也一并添加了，可见在 SketchUp 中，组件是有关联性的（图11-143）。

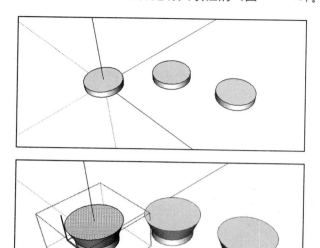

图 11-142

图 11-143

11.5 作业 25——制作一个几何雕塑

11.5.1 作业要求

1. 应用第四节上所述命令来完成一个简单的几何雕塑体。
2. 雕塑几何体要有合理的几何结构和一定寓意。
3. 通过制作体会三维体量与空间穿插的效果。

11.5.2 评分标准（100分）

制作一个广场雕塑练习评分标准				
序号	阶段	总分	分数控制体系	分项分值
1	图形表达	30	符合图面尺寸标准	10
2			选择的图形能够很好地表达情感内涵	10
3			图形构图和谐，排列有序，符合构成原理	10
4	Sketch Up应用	70	实体排列位置准确	20
5			合理利用编辑命令，达到相应效果	20
6			实体命名编组管理有序	10
7			图片渲染出图，正确格式存盘	10
8			图形边界清晰，图片精度达到300dpi	10
	总计	100		100

11.5.3 范例与评语

1. 范作（图 11—144）

2. 范作制作步骤：

1）在组件中调出 SketchUp 自带的球体（图 11—145）。

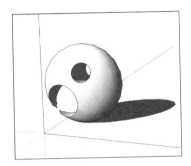
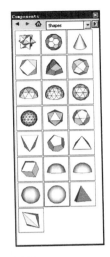

图 11—144（左）
图 11—145（右）

2）绘制一圆柱，使之贯穿整个圆（图 11—146）。

3）用缩放工具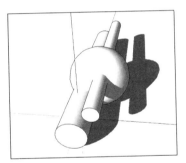将球体和圆柱缩放到合适的比例，并将球体炸开（图 11—147）。

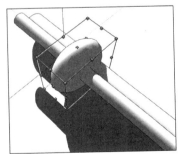

图 11—146（左）
图 11—147（右）

4）点选被缩放的球体按 Alt+I 进行模型交错，并去掉多余部分，给予材质。即完成（图 11—148）。

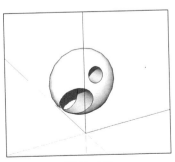

图 11—148

评语：以上雕塑几何体空间形体的练习作业，充分表现空间造型，构图符合空间形体的练习作业要求，从作品中看出，制作过程能应用 SketchUp 三维电脑软件的常用命令，对 SketchUp 三维电脑软件制作建模有一定了解，可以在以后的学习设计中充分发挥软件处理手段。

模块十二　装饰品制作

教学目的：明确装饰品对于室内空间环境设计的重要性。

掌握装饰品设计的特点。

熟悉各类装饰品制作的方法、过程。

培养学生的艺术修养，学习兴趣。

熟悉各种制作工具、材料，锻炼学生手工制作能力。

提高学生的造型能力。

所需理论：见第 12 章

作业形式：手工作品

作业内容：各类装饰品设计与制作练习

所需课时：8

评分体系：见第 12 章

作业 26　工艺品制作练习

作业要求：设计彩色装饰图案并应用与各种材质上，如瓷盘画、扎染、蜡染、蓝印花布、装饰画、纸艺花卉等。可根据条件与需要选择。

训练学时：12 ~ 16

范例与评语：见第 12 章

12

第 12 章　装饰艺术

12.1 装饰艺术概述

12.1.1 装饰艺术极具魅力

装饰是人的一种需求与天性，早在远古时代装饰艺术就已经诞生了，它与人类的生活息息相关，与人类文明的进程同步。著名的美术史学者沃尔夫林就认为"美术史主要是一部装饰史"。从古到今，只要有人类的痕迹，也必定留下装饰的痕迹。无论从原始洞窟壁画、崖画及彩陶纹样的装饰造型，还是现代各国、各民族五花八门的装饰图案和艺术品，都是极具装饰意味和艺术魅力的典范。我们可以深切地感受到装饰美的无处不在，它渗透在我们生活的每个方面（图12-1～图12-3）。

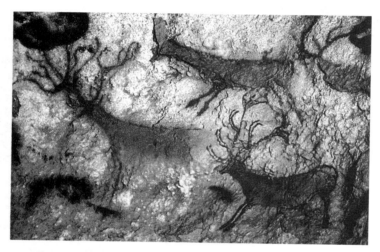

图 12-1

图 12-2（左）
图 12-3（右）

12.1.2 装饰艺术品的表现形式和涉及面

装饰艺术品的样式很多，有平面的绘画、立体的雕塑也有民间手工艺品等，装饰艺术所涉及的领域相当广泛，诸如：建筑艺术、城市规划、环境设计、产品包装、印染织绣、服饰艺术、书籍装帧设计等，以及造型艺术、舞台艺术、电影艺术诸多方面（图12—4、图12—5）。

图12—4（左）
图12—5（右）

12.1.3 装饰艺术品对于室内空间环境设计的重要性

当今社会发展迅速，人们在物质上丰富的同时，更有精神上的需求，对于室内空间环境在功能满足的情况下，还有更多装饰美观的需求。室内空间环境的设计、营造、装饰品的摆放和点缀，要能够使人产生心理舒适感、认同感、归属感，能营造出丰富多样生活氛围的环境场所。

虽然装饰艺术从属于室内空间环境而存在，但是装饰艺术却对室内空间环境产生不可忽视的影响。装饰艺术品在室内环境中不仅具有赏心悦目的美感视觉效果，而且具有传情达意的精神功能。通过小小的装饰艺术品的陈设，令人遐想，体味重归返璞归真的自然。我们可以看到装饰品对于室内空间环境而言，是艺术作品的一种特殊的物化的表现形式，对空间环境的营造具有举足轻重的作用。装饰艺术品，作为一种独特的艺术语言，为人们的生活和审美提供了广阔的空间，极大地满足了室内环境中人的精神需求（图12—6～图12—8）。

图12—6（左）
图12—7（中）
图12—8（右）

12.2 瓷盘或瓷瓶装饰

12.2.1 瓷盘或瓷瓶装饰欣赏

瓷盘在生活中我们对它再熟悉不过了，一般我们习惯用它来装东西，较少想到用它们来装饰环境。其实陶瓷文化是中国古文明的象征，我国是世界上公认的陶瓷之国，在英语词汇中，英文单词"China"的意思代表了"中国"，也代表了"瓷器"。就陶瓷艺术的发展而言，早在新石器时代的彩陶，我国就已经呈现了古陶瓷装饰艺术的起源。陶瓷可以说在中国文化史上具有极重要的位置。现代的陶瓷艺术随着现代文明的进程，生活节奏的加快，现代人的审美意识已发生了很大的变化，陶瓷艺术有了追求装饰形式的简约化倾向，由复杂转向单纯，人们更多的希望从艺术之中得到轻松、自如的享受（图12—9～图12—14）。

图12—9（左）
图12—10（中）
图12—11（右）

图12—12（左）
图12—13（中）
图12—14（右）

12.2.2　手工装饰瓷盘或瓷瓶的方法

1.刻画装饰（图12—15）

1）方法：先在瓷盘上一层面色，再用刀具进行刻画，使之透出底色。

2）要求：面色与底色之间有色相、明度对比，这样才能有较好效果。

3）特点：具有铁线游丝白描的刚柔，与单纯的底色之间的线、面对比。

2.贴花装饰（图12—16）

1）方法：把要装饰的图案纹样预先制作成贴花纸或塑料花纹等，图案可以是自行设计的，也可以是照相图片。

2）要求：图案花纹要贴牢贴平。

3.手绘装饰（图12—17、图12—18）

方法：直接用颜料进行绘画。表现形式可以是写实的，也可以是写意的、抽象的；可以用水粉，也可以用油画。

4.彩喷装饰（图12—19、图12—20）

1）方法：用镂空花版进行彩喷。

2）要求：镂空花版固定好，不可以有移动。

图 12—15（左）
图 12—16（中）
图 12—17（右）

图 12—18（左）
图 12—19（中）
图 12—20（右）

12.3　学习民间美术图案——扎染、蜡染、蓝印花布

我国是一个历史悠久的多民族的国家，每个地区、每个民族都流传着丰富多彩、各具风格特色的民间文化习俗和民间图案艺术。

12.3.1　民间图案

1. 民间图案是劳动人民在生产劳动和生活实践中，最原始最朴素最直接的实用与审美结合的民间艺术形式。

2. 它们往往带有手工劳动的地道的"乡土味"，具有原始稚拙、粗犷浑厚，色彩自然、简易明确，不过多修饰的特点。

3. 民间图案反映在民间（尤其是少数民族）的衣着花边、刺绣饰品、印染花布上，民居民宅门楼四壁的窗花、节日庆典的食物造型和色彩、歌舞戏剧的面饰和戏装等。

12.3.2　民间图案的创意与形式特点

1. 美好的立意

如：吉祥如意、恭喜发财、喜上眉梢、春满人间、连年有余、丰收在望、五谷丰登等。

2. 丰富的寓意

题材和内容通过借助某一形象来完成其理想化的寓意。如：借助蝙蝠的形象，表达"福、禄、寿、喜"。（谐音法：蝠与福同音）；借助喜雀鸟、梅花，表达"喜上眉梢"；借助莲花、藕、鲤鱼，表达"年年有余"。

3. 夸张的造型和鲜艳的色彩

12.3.3　学习民间美术图案——扎染、蜡染、蓝印花布

1. 扎染（图12-21、图12-22）

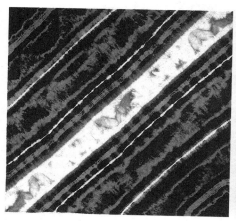

图12-21（左）
图12-22（右）

我国古老的纺织品染色工艺分为三种基本类型，即扎染、蜡染和蓝印画布。

扎染是用线、绳对织物进行紧固的结、系捆、缝扎，然后放在染液中进行煮染，由于结扎的外力作用，使得织物染色不均，拆除扎线洗去浮色后，织物上即可显现出奇特的色彩花纹，这便是扎染。

1）扎染的艺术特色：具有晕染之美，似水墨画一般。

2）扎染的工具和材料

（1）织物：棉、毛、丝、麻、皮纸、高丽纸等。

要求：薄型织物为佳

（2）线绳：棉线、聚乙烯线、缝纫线、蜡线、毛线、布条、橡皮筋

要求：有一定坚韧度，以不易拉断为好

（3）染料：水粉色、丙烯色

（4）染色器具：染缸、染盆

3）扎染的基本方法

（1）捆扎法

（a）圆形扎法：将织物揪起一点，可扎成同样大小的花纹，也可由大到小排列。将织物揪起一点后，间隔一定距离进行多道捆扎，即成圆形放射状图案。

（b）条纹扎法：将织物理顺成条状，等距离捆扎，即成条状图案。

（c）折叠扎法：

对折扎法（单独纹样捆扎法）

屏风折扎法（连续图案扎法）

将织物一正一反折叠后，横捆几道。

（2）夹扎法

（a）竹夹法：将织物做屏风折叠后，用竹夹夹好。

(b) 竹筷卷扎法：用竹筷或竹棍卷紧织物，扎紧。

(3) 其他扎法

(a) 包扎法：将硬币、豆类等包进织物内，扎紧后染色，可产生多变的纹样。

(b) 塑料袋防染扎法：将塑料袋包扎织物的局部起到防染作用，用于留白。

(4) 综合扎法

4) 扎染的步骤：（图 12-23 ～图 12-34）

图 12-23（左）
图 12-24（右）

图 12-25（左）
图 12-26（右）

图 12-27（左）
图 12-28（右）

图 12-29（左）
图 12-30（右）

图 12—31（左）
图 12—32（右）

图 12—33（左）
图 12—34（右）

图 12—23 ～ 图 12—26：正方形纸沿着对角线对折，再反复对折。

图 12—27：直到不能对折为止。

图 12—28：选取扎染点用棉线分别扎紧。

图 12—29：在清水里面浸湿。

图 12—30：对预想好的色彩分别进行染色。

图 12—31、图 12—32：放平，轻轻解开棉线。

图 12—33、图 12—34：将染好的纸轻轻打开。

2．蜡染（图 12—35）

图 12—35

　　蜡染是利用蜡的抗水性，先用蜡在织物上画出装饰图案，然后放入染料中浸染，染料不能浸入涂蜡部分，而只能在未涂蜡部分产生染色效果。最后去蜡之后，产生色底白花或白底色花的蜡染花布。

　　1）蜡染的艺术特色：具有冰裂纹的特殊装饰风格，有人把冰裂纹美誉为蜡染的魂。

　2）蜡染的工具和材料：

　（1）织物：主要以棉为主。

　要求：薄型织物为佳

　（2）蜡：蜂蜡（黄蜡）、石蜡（白蜡、矿蜡），两种蜡掺合使用效果更好。因为蜂蜡性黏防染效果好，石蜡性脆易产生冰纹。

　（3）染料：靛蓝（或水粉色、丙烯色替代）

　（4）染色器具：染缸、染盆

　3）蜡染的基本方法

　（1）设计：民间图案或装饰画稿

　（2）绘稿：拷贝法或直接描绘

　要求：绘稿之前，先对织物进行浸泡和加温皂洗，以除去织物上的浆料和杂质，晾干、烫平。

　（3）上蜡（封蜡、画蜡）：用毛笔、毛刷、油画笔

　（4）染色

　3. 蓝印花布（图12—36、图12—37）

图12—36（左）
图12—37（右）

　蓝印花布是中国民间普及面很广的一种印染工艺，它是用一种特殊的染料叫靛蓝染制，产生蓝地白花或白地蓝花组成的花布图案，也称靛蓝花布。

　1）蓝印花布的艺术特色：

　（1）朴实大方，蓝白对比强烈，似白瓷青花的典雅。

　（2）用镂空花版所印出的图案，具有斑点花纹的美感。

　2）蓝印花布的工具和材料：

　（1）织物：主要以棉布为主。

　（2）防染浆料：石灰粉、黄豆粉（可用普通淀粉代替，为增加黏性，调制时需加入一些鸡蛋清、水调制而成）。

　（3）染料：靛蓝（或水粉色、丙烯色替代）

　（4）染色器具：染缸、染盆

3）蓝印花布的基本方法

（1）设计：民间图案或装饰画稿

（2）刻制花板：在纸板上刻花样制成花板，然后给花板上蜡（以起到防水和不粘板的作用）。

（3）上浆：用刮片迅速将浆料刮开、刮匀，使所有镂空花纹处都充满浆料，等浆料稍干后将花板取下。

要求：绘稿之前，先对织物进行浸泡和加温皂洗，以除去织物上的浆料和杂质，晾干、烫平。

（4）染色：将布浸入靛蓝中，取出后洗去浆料即制成了蓝印花布。

12.4 装饰画

12.4.1 装饰画

装饰画广义指凡属于器物装饰方面的绘画，狭义指装饰壁画，商业美术中的广告画等。装饰画和一般的绘画不同，画面构图强调均衡、对比、变化、和谐等形式美法则的运用，主要偏重于表现形式的装饰性。色彩亦服从于形式美法则的需要，不拘泥于客观对象的色彩关系（图12-38～图12-43）。

图 12-38（左）
图 12-39（中）
图 12-40（右）

图 12-41（左）
图 12-42（中）
图 12-43（右）

12.4.2 装饰画的样式

1. 从表现手法可分为：绘画和材料制作两大类。

2. 从装饰艺术的形态可分为：平面和立体两大类。

1）平面是指在平面上通过技法的形式来表现的画面，彩墨、重彩、蜡染、刺绣等属于此类。

2）立体是指通过材料的制作带有三维倾向的画面，拼贴、壁画挂、浮雕等属于此类。

3. 从面积大小可分为：大型公众装饰画和小型室内装饰画。

4. 从内容可分为：花卉、动物、人物、风景四大类。

图 12—44

12.4.3 装饰画对于室内空间环境设计的重要性

现代人对于室内设计要求愈来愈高，居室美观的艺术品位成为人们对室内空间环境设计的追求，装饰画可以赋予居室灵性，不仅起到画龙点睛的作用，还能使居室蓬荜生辉。现在把装饰画用在室内空间环境设计之中已形成了一种时尚（图 12—44、图 12—45）。

图 12—45

12.4.4 向大师学习装饰绘画

在 19 世纪末到 20 世纪初，现代派的许多绘画大师为了进一步丰富油画艺术语言，他们从东方艺术和非洲艺术中获得灵感和养料，以追求诗意和注重形式美为其特征和目的。作品中重视夸张变形和平面化的绚丽色彩，构图自由洒脱，画面装饰性极强。这些大师的装饰画作品是我们学习装饰画的良好借鉴。针对大师的作品，可以就画面结构、色调等进行分析，为以后的学习积累经验（图 12—46 ～ 图 12—51）。

图 12—46（左）
图 12—47（中）
图 12—48（右）

图 12—49

图 12—50

图 12—51

12.5 装饰小品制作——纸艺花卉制作

12.5.1 欣赏一些纸艺花卉装饰小品

现代人的环境，现代人的生活节奏比任何时候都更需要艺术的调节和平衡作用。人们可以有意识地在自然与现代化的夹缝里，用花艺来美化生活环境，提高生活品位。几支花朵，几片绿叶，就能使室内充满生机与灵性，给人以赏心悦目之感。

花艺的装饰设计要讲究色彩和谐、造型别致、构图均衡，花的色彩不宜过多，通常是可以有一种主体色，也可以有多种色彩，但以两三种为宜，要有一个主色调；花的造型也不易过杂，要讲究整体感。

别看这小小花艺装饰品，它能激发我们的兴趣，通过花艺装饰品的制作，它能锻炼学生的动手能力，激发学生的创作热情，培养学生的艺术情趣（图 12—52～图 12—55）。

12.5.2 花艺小品的制作方法

1. 材料准备：各色皱纸或花布、铁丝、胶带。

图 12—52

图 12—53

图 12—54

图 12—55

2. 菊花的制作步骤：(图 12—56 ～ 图 12—63)

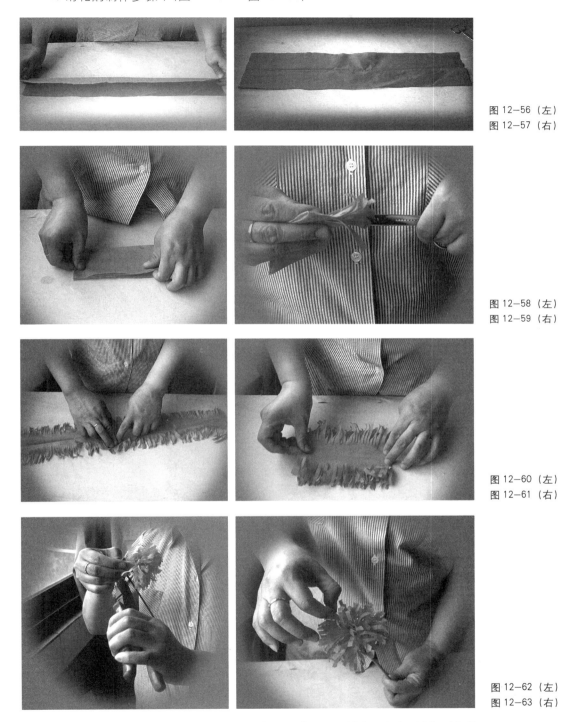

图 12—56（左）
图 12—57（右）

图 12—58（左）
图 12—59（右）

图 12—60（左）
图 12—61（右）

图 12—62（左）
图 12—63（右）

图 12—56 ～ 图 12—58：准备一长条皱纸，先上下对折再左右对折，并反复进行左右对折。

图 12—59：用剪刀在纸的开口处剪成细条状。

图 12-60、图 12-61：将纸条展开后对折再重复多次对折。

图 12-62：把折叠好的皱纸用铁丝钩住并用铁钳拴紧使花朵不能移动。

图 12-63：最后微整理花朵的形状。

12.6 作业 26——工艺品制作练习

本节共有 4 个作业，可根据情况从中任意选取其一。

12.6.1 纸花装饰

1. 作业要求

手工制作纸花，30cm×30cm×30cm 左右。

2. 评分标准

纸花装饰评分标准（总分100分）				
序号	阶段	总分	分数控制体系	分项分值
1			装饰造型美观独特、空间各角度观赏感强	25
2		100	材料运用合理	25
3			做工精致	25
4			具有色调和材质肌理的美感呈现	25

3. 作业与评语

图 12-64（左）
图 12-65（右）

图 12-66（左）
图 12-67（右）

评语：

图 12-64：花篮和花朵造型美观、搭配合理，只是篮子里的花朵稍微少了些。

图 12-65：花朵做工精巧且有造型变化，只是花朵的色彩搭配有些凌乱，

不够整体。

图 12-66：花朵做工精致整体，只是外面的两层衬纸和花朵色彩搭配不是很协调。

图 12-67：整个花束造型美观整体，色彩协调。花朵造型有变化且大小、疏密合理。只是花朵制作不够饱满，有些瘪塌。

12.6.2 瓷盘或玻璃瓶装饰

1. 作业要求

使用水粉或丙烯装饰表现形式，在 25cm 左右直径瓷盘或标准玻璃瓶上进行装饰设计。

2. 评分标准

序号	阶段	总分	分数控制体系	分项分值
		瓷盘或玻璃瓶装饰评分标准（总分100分）		
1			构图合理、形态美观、装饰性强	25
2		100	图案设计内容和器具的造型恰当适合	25
3			做工精致	25
4			具有色调和材质肌理的美感呈现	25

3. 作业与评语

图 12-68（左）
图 12-69（右）

图 12-70（左）
图 12-71（右）

评语：

图 12—68：画面简洁，构图合理。暖色调设计很好得衬托出画面气氛。

图 12—69：画面明暗对比效果强烈，卡通图案造型简洁生动。线条粗细搭配合理。

图 12—70：瓶饰采用强对比色调，视觉效果醒目。图案设计风格各异，有鲜明的对比效果。

图 12—71：一对暗色系瓶饰显得风格沉稳独特，只是两个瓶饰的图案风格有些不同，缺少呼应。

12.6.3　扎染、蜡染、蓝印花布

1. 作业要求

暗底亮花或亮底暗花，制作于 30cm×30cm 左右白布上。

2. 评分标准

扎染、蜡染、蓝印花布评分标准（总分100分）

序号	阶段	总分	分数控制体系	分项分值
1			构图合理、形态美观、装饰性强	25
2		100	具有民间传统艺术特征	25
3			做工精致	25
4			具有色调和材质肌理的美感呈现	25

3. 作业与评语

图 12—72（左）
图 12—73（右）

图 13—74（左）
图 13—75（右）

图 12-76（左）
图 12-77（右）

评语：

图 12-72：扎染色泽鲜艳，亮丽。视觉冲击力强。画中四个菱形造型稍有欠缺，变化不够。

图 12-73：扎染色泽鲜艳，亮丽。视觉冲击力强。画中四个类似太阳的放射状造型没有扎好，左上和右下造型不够完整。

图 12-74：构图简洁完整，画面中心元素清晰明确，既单纯又不失整体美感，只是制作有些欠缺，蜡染的肌理美感没有充分表现出来。

图 12-75：色泽古朴、典雅，制作较好，蜡染斑驳的肌理美感有所呈现。只是图案的模仿程度较大，缺乏吸收和创新。

图 12-76：蓝印画布制作比较精细，边缘四周的布艺肌理表现较好，只是花朵的线条描绘太细太弱，削弱了图案的表现力，说明学生的基本功还有待加强。

图 12-77：图案很美，但四个角偶纹样的表现有些过强超出了中心纹样的力度，画面有些不太协调。

12.6.4　装饰画

1. 作业要求

水粉色彩表现在 25cm×25cm 白卡纸上。

2. 评分标准

序号	阶段	总分	分数控制体系	分项分值
		装饰画评分标准（总分100分）		
1			构图合理、形态美观、装饰性强	25
2		100	装饰技法和材料搭配、运用合理	25
3			做工精致	25
4			具有色调和材质肌理的美感呈现	25

3. 作业与评语

图 12-78（左）
图 12-79（右）

图 12-80（左）
图 12-81（右）

图 12-82（左）
图 12-83（右）

评语：

图 12—78：画面人物造型简洁、对比强烈醒目，有较好的画面效果。只是人物衣服的大块颜色稍显空洞，若能加点修饰会更好。

图 12—79：画面无论色彩还是材料拼贴的肌理效果都很好。只是瓶体后面背景上的点缀，在左侧最好也有所呼应，不然感觉左轻右重，在视觉上有不平衡感。

图 12—80：大体色调感觉不错，但仔细观察植物的图案造型比较欠缺，有点粗糙。

图 12—81：画面形式感不错，气氛比较轻松随意。但人物造型比较欠缺，尤其是腿部让人感觉不舒服，黑色墨线勾画不够流畅。

图 12—82：画面图案美观，中间色调搭配和谐。只是圆形和葫芦造型重叠部分的色彩透叠变化没有体现出来。

图 12—83：画面配色协调，单个造型也都不错。只是物体罗列有些散乱不够紧凑，缺乏大小主次轻重之分。

环境艺术设计基础

第四篇　综合与实践篇

模块十三　实践认知

教学目的：了解建筑装饰设计相关各类市场布局特点。
　　　　　　了解这些市场行情。
　　　　　　熟悉参观流程与方法与资料搜集方式。
　　　　　　掌握参观报告、图表的制作方式与方法。

所需理论：见第 13 章
作业形式：文本
作业内容：参观相关各类市场并制作报告
所需课时：8
评分体系：见第 13 章

作业 27　材料样本的制作

作业要求：搜集家具、建材、家居饰品等资料。依照图片、类别、尺寸、材料、价格等制作图表与说明报告。
训练学时：16 ～ 24
范例与评语：见第 13 章

13

第 13 章　建筑装饰材料与家具陈设简介

13.1 建筑装饰材料

13.1.1 建筑装饰材料的认知要求

建筑装饰材料的选用是建筑及室内设计中涉及成果的实质性的重要环节，可直接影响到设计的效果。设计者应熟悉材料的性能、质地，了解材料的价格和施工工艺，让材料在手中得心应手。

学生在认知建筑装饰材料时，要把握以下原则：材料的选择既要满足功能的要求也要满足造型和美观的要求。作为材料实体的界面，有界面的线型色彩设计，界面的材质选用和构造问题。此外现代环境设计的材料选用和设计还要与房屋的设施、设备予以周密的协调。以下10点是对建筑装饰材料的基本要求：

1. 耐久性及使用期限
2. 耐燃及耐火性能
3. 无毒
4. 无害的核定放射剂量
5. 必要的隔热、保温、隔声及吸声性能
6. 装饰及美观要求
7. 相应的经济要求
8. 底面（楼、地面）：耐磨、耐滑、易清洁、防静电
9. 侧面（墙面、隔断）：挡视线、较高的隔声、吸声、保暖、隔热要求
10. 顶面（平顶、天花造型）：质轻、反射率较高、吸声、保暖、隔热

13.1.2 主要建筑材料

1. 木材

木材泛指用于建筑施工、装修中的木制材料，常被统分为软材和硬材。工程中所用的木材主要取自树木的树干部分。木材因获取和加工较容易，自古以来就是一种主要的建筑材料，图13-1所示为加工成木方的柳桉木。

木材可分为针叶树材和阔叶树材两大类。杉木及各种松木、云杉和冷杉等属于针叶树材；柞木、水曲柳、香樟、檫木及各种桦木、楠木和杨木等属于阔叶树材。中国树种很多，因此各地区常用于工程的木材树种亦各异。东北地区主要有红松、落叶松（黄花松）、鱼鳞云杉、红皮云杉、水曲柳；长江流域主要有杉木、马尾松；西南、西北地区主要有冷杉、云杉、铁杉。图13-2所示为柚木及其雕刻成的传统木雕，用于家具或隔断。木材的主要物理性质有：

1）密度：指单位体积木材的重量。木材的重量和体积均受含水率影响。木材试样的烘干重量与其饱和水分时的体积、气干时的体积及炉干时的体积之比，分别称为气干密度、基本密度及炉干密度。木材密度随树种而异。大多数木材的气干密度约为 $0.3 \sim 0.9 \text{g/cm}^3$。密度大的木材，其力学强度一般较高。

图 13-1（左）
图 13-2（右）

2）木材含水率：指木材中水重占烘干木材重的百分数。木材中的水分可分两部分，一部分存在于木材细胞胞壁内，称为吸附水；另一部分存在于细胞腔和细胞间隙之间，称为自由水（游离水）。当吸附水达到饱和而尚无自由水时，称为纤维饱和点。木材的纤维饱和点因树种而有差异，约在 23% ～ 33% 之间。当含水率大于纤维饱和点时，水分对木材性质的影响很小。当含水率自纤维饱和点降低时，木材的物理和力学性质随之而变化。木材在大气中能吸收或蒸发水分，与周围空气的相对湿度和温度相适应而达到恒定的含水率，称为平衡含水率。木材平衡含水率随地区、季节及气候等因素而变化，约在 10% ～ 18% 之间。

3）胀缩性：木材吸收水分后体积膨胀，丧失水分则收缩。木材自纤维饱和点到炉干的干缩率，顺纹方向约为 0.1%，径向约为 3% ～ 6%，弦向约为 6% ～ 12%。径向和弦向干缩率的不同是木材产生裂缝和翘曲的主要原因。

2．石材

目前，市场上常见的石材主要有大理石、花岗石、水磨石、合成石四种。其中，大理石中又以汉白玉为上品；花岗石比大理石坚硬；水磨石是以水泥、混凝土等原料锻压而成；合成石是以天然石的碎石为原料，加上粘合剂等经加压、抛光而成。后两者因为是人工制成，所以强度没有天然石材高。图 13-3 为加工成板材的工程常用大理石。

由于使用天然饰面石材装饰的部位不同，所以选用的石材类型也不同。用于室外建筑物装饰时，需经受水期风吹雨淋日晒，花岗石因为不含有碳酸盐，吸水率小，抗风化能力强，最好选用各种类型的花岗石石材；用于厅堂地面装饰的饰面石材，要求其物理化学性能稳定，机械强度高，应首选花岗石类石材；用于墙裙及家居卧室地面的装饰，机械强度稍差，宜选用具有美丽图案的大理石。图 13-4 为墙面干挂大理石。

加工好的成品饰面石材，其质量好坏可以从以下四个方面来鉴别：

1）观：即肉眼观察石材的表面结构。一般说来，均匀的细粒结构的石材具有细腻的质感，为石材之佳品；粗粒及不等粒结构的石材其外观效果较差，机械力学性能也不均匀，质量稍差。另外，天然石材由于地质作用的影响常在其中产生一些细脉、微裂隙，石材最易沿这些部位发生破裂，应注意剔除。至于缺棱少角更是影响美观，选择时尤应注意。

图 13-3（左）
图 13-4（右）

2）量：即量石材的尺寸规格，以免影响拼接，或造成拼接后的图案、花纹、线条变形，影响装饰效果。

3）听：即听石材的敲击声音。一般而言，质量好的，内部致密均匀且无显微裂隙的石材，其敲击声清脆悦耳；相反，若石材内部存在显微裂隙或细脉或因风化导致颗粒间接触变疏松，则敲击声粗哑。

4）试：即用简单的试验方法来检验石材质量好坏。通常在石材的背面滴上一小滴墨水，如墨水很快四处分散浸出，即表示石材内部颗粒较松或存在显微裂隙，石材质量不好；反之，若墨水滴在原处不动，则说明石材致密质地好。

3. 混凝土

混凝土是由胶凝材料、骨料和水（有些品种的混凝土中可不加水），按适当的比例拌合而成的混合物，经一定时间后硬化后形成的人造石材，简写为"砼"。混凝土按所用胶凝材料分为水泥混凝土、石膏混凝土、沥青混凝土、聚合物混凝土等。

水泥混凝土又称普通混凝土（简称为混凝土），是由水泥、砂、石和水所组成，另外还常加入适量的掺合料和外加剂。在混凝土中，砂、石起骨架作用，称为骨料；水泥与水形成水泥浆，水泥浆包裹在骨料表面并填充其空隙。在硬化前，水泥浆起润滑作用，赋予拌合物一定的和易性，便于施工。水泥浆硬化后，则将骨料胶结为一个坚实的整体。图 13-5 为素混凝土墙面。

钢筋混凝土（简称 RC），是经由水泥、粒料及配料加水拌合而成混凝土，在其中加入一些抗拉钢筋，在经过一段时间的养护，达到建筑设计所需的强度。它应该是人类最早开发使用的复合型材料之一。图 13-6 为经过特殊处理的混凝土多用于室内空间。

随着时代的变迁，技术的进步，"混凝土家族"里也有了新成员的加盟，其中纤维混凝土，无论从抗压强度和价格来看，都具有一定的优势。然而，钢筋混凝土虽然受到"混凝土家族"的竞争影响，其发展的优势也不如从前，但是，在如今的很多领域中，仍有它们的应用，依旧是坚固耐用的代名词。

图 13-5（左）
图 13-6（右）

4．钢材

钢材是钢锭、钢坯或钢材通过压力加工制成我们所需要的各种形状、尺寸和性能的材料。图 13-7 为型材钢管。钢材是国家建设和现代化建设必不可少的重要物资，应用广泛、品种繁多，根据断面形状的不同，钢材一般分为型材、板材、管材和金属制品四大类。为了便于组织钢材的生产、订货供应和搞好经营管理工作，又分为重轨、轻轨、大型型钢、中型型钢、小型型钢、钢材冷弯型钢、优质型钢、线材、中厚钢板、薄钢板、电工用硅钢片、带钢、无缝钢管钢材、焊接钢管、金属制品等品种。大部分钢材加工都是将钢材通过压力加工，使被加工的钢（坯、锭等）产生塑性变形。根据钢材加工温度不同可分为冷加工和热加工两种。图 13-8 的建筑结构采用工字钢、钢板与钢管，面材采用抛光不锈钢板。

图 13-7（左）
图 13-8（右）

5．玻璃

玻璃是一种较为透明的液体物质，在熔融时形成连续网络结构，冷却过程中黏度逐渐增大并硬化而不结晶的硅酸盐类非金属材料。主要成分是二氧化硅。广泛应用于建筑物，用来隔风却透光。玻璃简单分类主要分为平板玻璃和特种玻璃。平板玻璃主要分为三种：即引上法平板玻璃（分有槽／无槽两种）、平拉法平板玻璃和浮法玻璃。由于浮法玻璃由于厚度均匀、上下表面平整平行，再加上劳动生产率高及利于管理等方面因素的影响，浮法玻璃正成为玻璃制造方式的主流，而特种玻璃品种众多。下面按装修中常见的品种——说明：

1）普通平板玻璃：厚度 3mm 的玻璃主要用于画框表面；5～6mm 的玻璃主要用于外墙窗户、门扇等小面积透光造型等；7～9mm 的玻璃主要用于室内屏风等较大面积但又有框架保护的造型之中；9～10mm 的玻璃，可用于室内大面积隔断、栏杆等装修项目；11～12mm 的玻璃，可用于地弹簧玻璃门和一些活动人流较大的隔断之中；15mm 以上的玻璃，一般市面上销售较少，往往需要订货，主要用于较大面积的地弹簧玻璃门外墙整块玻璃墙面。

2）钢化玻璃：它是普通平板玻璃经过再加工处理而成一种预应力玻璃。钢化玻璃相对于普通平板玻璃来说，具有两大特征：其一，前者强度是后者的数倍，抗拉度是后者的 3 倍以上，抗冲击是后者 5 倍以上。其二，钢化玻璃不容易破碎，即使破碎也会以无锐角的颗粒形式碎裂，对人体造成伤害会大大降低。

3）磨砂玻璃：它也是在普通平板玻璃上面再磨砂加工而成。一般厚度多在 9mm 以下，以 5、6mm 厚度居多。

4）喷砂玻璃：性能上与磨砂玻璃相似，不同的是改磨砂为喷砂。

5）压花玻璃：是采用压延方法制造的一种平板玻璃。其最大的特点是透光不透明，多用于洗手间等装修区域。

6）夹丝玻璃：是采用压延方法，将金属丝或金属网嵌于玻璃板内制成的一种具有抗冲击平板玻璃，受撞击时只会形成辐射状裂纹而不至于堕下伤人。故多用于高层楼宇和震荡性强的厂房。

7）中空玻璃：多采用胶接法将两块玻璃保持一定间隔，间隔中是干燥的空气，周边再用密封材料密封而成，主要用于有隔声要求的装修工程之中。

8）夹层玻璃：夹层玻璃一般由两片普通平板玻璃（也可以是钢化玻璃或其他特殊玻璃）和玻璃之间的有机胶合层构成。当受到破坏时，碎片黏附在胶层上，避免了碎片飞溅对人体的伤害。多用于有安全要求的装修项目。

9）防弹玻璃：为夹层玻璃的一种，只是构成的玻璃多采用强度较高的钢化玻璃，而且夹层的数量也相对较多。多用于银行或者豪宅等对安全要求非常高的装修工程之中。

10）热弯玻璃：由平板玻璃加热软化在模具中成型，再经退火制成的曲面玻璃。在一些高级装修中出现的频率越来越高，需要预定，没有现货（图 13-9）。

11）玻璃砖：玻璃砖的制作工艺基本和平板玻璃一样，不同的是成型方法。其中间为干燥的空气。多用于装饰性项目或者有保温要求的透光造型之中。

12）玻璃纸：也称玻璃膜，具有多种颜色和花色。根据纸膜的性能不同，具有不同的性能。绝大部分起隔热、防红外线、防紫外线、防爆等作用。

6．纺织品

纺织品是纺织纤维经过加工织造而成的产品。可分为室内用品、床上用品和户外用品。包括家居布和餐厅洗浴室用品，如：地毯、沙发套、椅子、壁毯、贴布、像罩、纺品、窗帘、毛巾、茶巾、台布、手帕等;床上用品包括床罩、床单、被面、被套、毛毯、毛巾被、枕芯、被芯、枕套等（图13-10）。户外用品包括人造草坪等。

图 13-9（左）
图 13-10（右）

13.2 陈设与家具

13.2.1 陈设与家具的认知要求

室内陈设艺术设计是室内环境设计的重要组成部分，是一门新兴的学科，属于年轻的专业。要解决室内空间形象设计，装修中的装饰构想，家具、织物、灯具、绿化等设计与挑选问题，陈设艺术设计是在室内环境设计的大体创意下，做进一步深入细致的具体设计工作，体现出文化层次，以获得增光添彩的艺术效果。室内陈设艺术设计也应该说就是室内环境设计，是独具特色与艺术感染力的设计佳品。

学生在参观认知中要体会分析环境特点、功能需求、审美要求、使用对象要求、工艺特点等要素，学习如何选择、营造高舒适度、高艺术境界、高品位的理想环境。

13.2.2 主要陈设

室内陈设艺术的范围非常广泛，大体可分为以下几个方面：

1. 建筑构件陈设:指建筑内部空间中固定不动的,具有明显装饰效果的柱、门、窗、窗帘盒、洞口、壁炉、电梯、楼梯、扶手、散热器罩、通风口等建筑构件的陈设。图13-11为模仿藤蔓植物设计的栏杆扶手。

2. 各种维护面陈设:室内空间中顶棚、地面、隔断（壁罩屏风、碧纱橱、罩、博古架）等的陈设。图13-12为简化的清式隔断。

3. 室内家具陈设:室内陈设的重头戏,家具的组合至关重要,直接影响室内的区域划分是否合理？人流通道能否畅通？布局会不会活泼有趣？格调是否简洁大方高雅（对于图13-13中的阳光茶室,家具选择宜简洁、返璞归真）。

4．壁面装饰陈设：壁面装饰陈设是室内环境最常见的陈设方式，通常以绘画、装饰画、工艺品、木刻、浮雕、编织品等为主要陈设对象，如挂盘、铜饰、木雕、绣片、风筝、扇子、服饰、铁花、书法、摄影等作品。实际上，凡是可以悬挂在墙壁上的纪念品、有情物、嗜好品和优美的器物等均可采用。在多数情况下，绘画作品、摄影作品甚至电脑制作品都是室内最重要的装饰。图13—14 中选择的墙面透视画不仅加强了房间的进深感，画面的内容和色彩也与整体性成对比与协调。

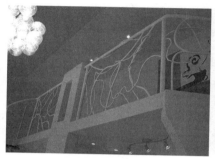

图 13—11（左）
图 13—12（右）

图 13—13（左）
图 13—14（右）

13.3　作业 27——材料样本的制作

13.3.1　建筑材料

参观建材市场，搜集建材资料，制作图表与说明报告。

学生根据要求制作材料样本，样本中包括材料的图片、名称、品牌、型号、特点、单价和尺寸。由于建筑材料内容繁多，建议学生分类进行，将建筑装饰材料分为以下几大类，每个同学或每两个同学承担一类材料。这项作业的成果将由教师最后编辑成"当年设计材料手册"，便于以后专业课程使用和查阅。教师将该手册打印装订成册作为专业图书馆的自编资料逐届更新，也可以将电子文件分发给学生。

1．木地板（包括复合地板）

2．其他材料地板（橡胶地板等）

3．天然石材（大理石、花岗石、板岩等）

4．油漆涂料

5．壁纸

6．艺术墙面（砂岩或其他）

7．墙地砖

8．玻璃

9．金属

10．贴面材料（防火板、夹板等）

11．卫浴产品

12．厨房设备

13．水处理设备

14．橱柜

15．门窗

16．壁炉

17．冷暖设备

18．五金配件（把手锁具、铰链、开关插座等）

19．环保空气净化

20．智能设备

21．音响设备

13.3.2　家具、装饰

参观家居用品市场，搜集家具、陈设资料，制作图表与说明报告。学生根据要求制作家具、陈设样本，样本中包括材料的图片、名称、品牌、型号、特点、单价和尺寸。与建筑材料同理，学生也可以分类进行，每个同学或每两个同学承担一类材料。

1．楼梯及其构件（扶手等）

2．屏风

3．餐具

4．织物、布艺

5．工艺品

6．绘画及其他平面壁饰

7．家具（家具可细分为几大类，如储物、桌几、坐具等或分为卧室家具、客厅家具、办公家具等）

8．灯具

9．绿化

13.3.3　评分体系

序号	项目	总分	分数控制体系	分项分值
		实践认知作业评分标准（总分100分）		
1	工作量	22	材料收集种类全面	8
2			每种材料性能资料全面	7
3			材料样本制作内容全面	7
4	材料选择	20	材料选择具有代表性	10
5			材料图片质量良好	10
6	材料性能研究	24	材料性能研究深入	8
7			材料研究具有实用性	8
8			市场调查信息准确	8
9	样本制作	24	样本制作条理清晰	8
10			样本制作图文并茂、图面效果好	8
11			样本便于查询	8
12	资料收集的可利用性	10	资料可用于了解认知材料	5
13			资料可用于后续课程使用	5
	总计	100		100

13.3.4　范例与评语

图 13—15　　　　　　图 13—16　　　　　　图 13—17

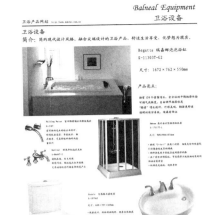

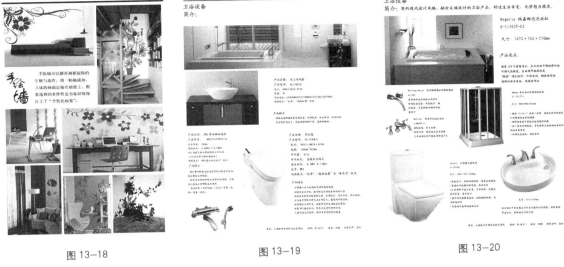

色彩 涂料
Color Paint

手绘墙可以摒弃画框装饰的生硬与造作，将一幅幅流动、立体的画面定格在墙壁上，图案涂绘的多样性也为家居装饰打上了个性化标签。

图 13—18

Balneal Equipment
卫浴设备

卫浴设备
简介：

图 13—19

Balneal Equipment
卫浴设备

简介：简约现代设计风格，融合实境设计的卫浴产品，舒适生活享受、化梦想为现实。

Regatta 瑞嘉脚池泡浴缸
K-11303T-G2

尺寸：1672 × 762 × 550mm

图 13—20

藤制家具

■ **绿色、时尚、环保、个性的家具**

★ **水葫芦艺术绿美**

★ **水葫芦花瓶**

▶ **不同的材质选择，总有适合你的**

图 13—21

评语：以上材料样本构图理性，包含诸多可以在今后的设计中使用的要素。如材料品牌、网店网址和材料的特点。在选择的样品中也明确地绘制出三视图、尺寸、型号、技术指标及其该型号的特点。图片选择有代表性，并标明了部分产品信息（图13—15～图13—21）。

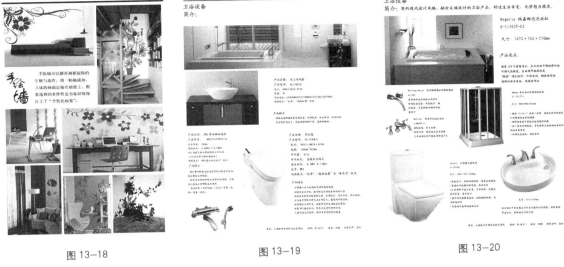

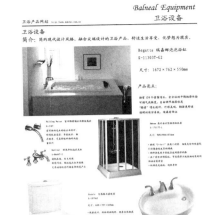

模块十四　设计入门综合训练

教学目的：了解空间设计的方法、步骤。

掌握对前期所学的构成、色彩、材质、空间等知识的综合运用的能力。

培养团队协作的能力。

了解设计说明的格式与写法。

培养语言表达能力。

所需理论：见第 14 章

作业形式：图纸、模型（或电脑虚拟模型）

作业内容：小空间概念设计

所需课时：12

评分体系：见第 14 章

作业 28　小空间概念设计练习

作业要求：以小组形式完成设计说明，绘制平、立、剖面图以及三维效果图，制作概念模型（或电脑虚拟模型），并进行汇报。

训练学时：32 ～ 40

范例与评语：见第 14 章

14

第14章　设计入门综合训练

14.1 设计的概念与内涵

14.1.1 什么是设计

人类通过劳动改造世界，创造文明，创造物质财富和精神财富，而最基础、最主要的创造活动是造物。设计便是造物活动进行预先的计划，可以把任何造物活动的计划技术和计划过程理解为设计。因此设计 Design 意指有目标和计划的创作行为，简而言之就是一种"有目的地创作行为"。图 14-1、图 14-2 为弗兰克·劳埃德·赖特设计的流水别墅，为别墅设计的经典之作。

图 14-1（左）
图 14-2（右）

既然我们打算对环境进行设计，那么就要了解什么样的环境是好的？什么是不好的？如何评价环境？谁来评价？

人们是以他们获得环境的感受来对环境作出反应的。当然，环境的评估受意向与观念的影响，决定于人的好恶。设计师之于环境如同作家之于文章的措辞，作家的言语会诱惑人的感情，设计师的"言语"则会吸引更多的使用者，因为使用者是从环境"措辞"的联想中作出对环境设计的评价。我们永远不要忘记：设计是在为人做设计。我们不是单纯的艺术家，和毕加索不同。毕加索画画的时候考虑的是如何表达自身的内心感受。我们呢？我们做的是实用艺术，是如何表达客户的内心感受。这就需要问一下我们是为哪一种人群做设计？从而去满足我们所考虑的那一类人群的利益。

人之所以在原本并不存在美的世界上谈论美，是因为有了人世界才有美。尼采说："人相信世界本身充斥着美，——他忘了自己是美的原因，唯有他把美赠予世界，唉！一种人性的，太人性的美……。归根到底，人把自己映照在事物里，又把一切反映形象的事物认作美。"人原本不是因为事物是美的才去追求它，而是因为追求了事物才有可能成为美。就像离开了对价值的需要，便无价值可言；离开了对善恶的体验，便无善恶可言。可见，一切美妙的根源和本质，在于欣赏。换句话说，只有合乎人性和人的需要，事物才能让人感觉到了美，才能使人感觉舒服。一种人人永远对之无动于衷的美，是一种自相矛盾的说法。

环境设计是空间的设计，这是我们的原则。有些人以为室内设计是装饰墙面，其实我们装饰的是空间。因此需要我们有空间想象的能力，并且把想象出来的空间转化为平面的图纸。老子《道德经》上有一句对空间论述的十分透彻的话："埏埴以为器，当其无，有器之用；凿户牖以为室，当其无，有室之用。故有之为利，无之以为用。"我们真正使用的是空间，是"无"，但是"无"要靠"有"来支撑。空间要靠材料来创造。

人们对环境，首先是整体的与感情的反应，然后才是以特定的词语去分析与评估它们。于是环境质量的整个概念显然是这样一种概念：即人们喜欢某些形式，是由于它们含有让人快乐的意义。因此，对于设计师而言，环境设计就是创造一个环境的氛围以满足人们的心理、生理要求。可见，设计师只有积极地利用人们对环境的心理反应，才能使室内空间产生积极的美的效果。

14.1.2 建筑师和设计师要具备的素质

这里不是详细解释建筑装饰相关专业要学习的课程和基础训练，而是要说明一下作为一个优秀的工程设计人员要具备的背景知识和个人素质要求。设计是设计师专业知识、人生阅历、文化艺术涵养、道德品质等诸方面的综合体现。一个成熟的设计师必须要有艺术家的素养、工程师的严谨思想、旅行家的丰富阅历和人生经验、经营者的经营理念、财务专家的成本意识。具体包含以下几方面内容：

1. 诚信与责任心

说到素质，第一条就是诚信与责任心。很难想象一个没有责任心的人如何能不厌其烦地解决设计与施工中遇到的各种困难与紧急状况。

2. 扎实的基本功

扎实的基本功要主要从下面几点入手：

1）美术功底与徒手表现能力

2）对理论知识的良好把握

3）计算机辅助设计或其他辅助设计的掌握

4）合理的工作流程和工作习惯

5）对经典设计合理的借鉴

3. 传统文化底蕴

作为一个工程设计人员，应该了解中国和世界的历史，从建筑、设计发展史的角度来看，任何设计的发展都是和历史的发展密不可分的，只有了解了历史，才能真正地了解设计发展的真谛。图14-3为密斯·凡·德·罗设计的柏林新国家美术馆，优雅的造型源于建筑师对传统建筑美学的深刻理解。

4. 了解其他艺术

设计是一门综合的设计学问，它是多方面艺术的综合，所以对其他姊妹艺术的知识了解地越多，越有助于启发你的灵感，才有更多的创作激情。各种艺术门类的素养是相通的，设计师一方面需要在实践中不断地提高自己的专业水平，另一方面也必须提高和加强个人的综合素质和艺术修养，做足设计以外

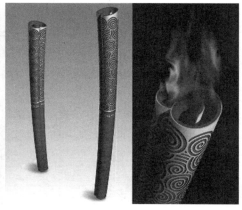

图 14-3（左）
图 14-4（右）

的功夫，有道是"它山之石，可以攻玉"。图 14-4 为 2008 北京奥运会火炬设计，灵感来自于传统绘画艺术中的祥云图案。

5．良好的表达和沟通能力

设计的最终目的是让别人（客户或甲方）了解并同意设计者的意图，表达设计的方法有各类的效果图（草图、手绘图以及电脑效果图等）和口述表达。前者需要掌握各种表现技法，而后者则需要具有良好的沟通和说服能力，这种能力除了天生的个人性格决定外，还需要了解一些客户心理学方面的知识。（图 14-5 为沟通方案时设计师需绘制的透视草图）

6．实际工作经验的积累

图 14-5

14.1.3　设计与文化

文化，一直是设计界瞩目的话题。这是源于设计与文化之间不可分割的联系。设计将人类的精神意志体现在造物中，并通过造物具体设计人们的物质生活方式，而生活方式就是文化的载体。一切文化的精神层面、行为层面、制度层面、器物层面最终都会在人的某种生活方式中得到体现，即在具体的人的层面得到体现。所以说设计在为人创造新的物质生活方式的同时，实际上就是在创造一种新的文化。从这样的意义上理解文化，我们可以说：文化就是生活，文化的中心是人。既然设计是在创造新的文化，由于文化的延续性，就需要从文化的传统中找到创造的依据。这或许就是设计灵感的源泉之一和设计者关心文化的动机所在。

文化具体表现在很多方面，与现实生活关系最密切的如：文学、造型艺术、音乐等。它们都会为设计者提供设计的灵感与具体的形式。如 2008 北京奥运火炬的灵感来源为中国传统的"祥云"纹样。再如中国的建筑永远离不开文学，而园林则更甚，兴盛一时的文人园诸如苏州沧浪亭、拙政园、同里退思园、承德避暑山庄都是以环境描写文学意境，又以环境中的文学手段提升环境品位。

14.1.4　设计与尺度

凡是做设计的人都会深深体会到尺度、比例的重要性，可以说没有尺度，设计是寸步难行的。但是尺度与感觉要建立联系，需要记忆与经验。尺度不同，设计作品也会产生截然不同的效果。例如，我们要设计一个服务台：700mm 像写字台，1200mm 像当铺柜台，1000mm 左右是我们一般用到的写字台高度。

人体尺度是室内设计的一项基础数据。因为我们一方面要做力求适合每一个人的设计，无论是家庭、办公室；还是商业空间，另外还有一些文化或者综合的公共空间都应该使人最大限度地感到舒适。另一方面，我们还要为整个人群做设计，比如，设计一个商场，要根据商场的大小预估人流量，再用人数和流动方式（单人行走或推手推车、开电瓶车等）来分配组织空间，以及考虑到不同年龄层次的人、残疾人或行动不便的人。如何能满足所有人的需求是我们面临的挑战。

我国成年男子的平均身高为 1670mm，女子为 1560mm。还要考虑到与室内活动有关的人体"动作域"，这些都是设计中不可或缺的基本数据。关于人体工程学的内容我们将在《人体工程》课中讲到。尺度的设计还表现在类似铺地设计这样的细节上，如图 14-6 所示。

图 14-6

14.1.5　设计与材料

第 13 章详细讲解了设计中应用材料的基础理论，并且作了系统化的作业，之所以用如此多的课时与训练去了解材料是因为它在今后设计工作中的重要地位。空间的创造要靠实体来完成，这实体就是各种各样的材料。不同的材料会产生不同的空间效果，而材料本身的质地也会产生不同的美感。路易·康十分强调在设计过程中对材料的运用并潜心研究材料的特性。他曾用玩笑般的口吻表达了它对材料的尊重，他说，我问砖喜欢什么？砖说，我喜欢拱。只有尊重材料，了解材料的性能，才能充分地发挥它们，否则只会弄巧成拙。材料也会在今后的其他课程中进一步学习。

14.2 设计的方法

14.2.1 调动感官

感觉和知觉在心理学上合起来叫作感知。感知就是人们通过感觉器官对各种事物的直接认识。心理学研究表明：形象思维的发展是创造思维的一个决定因素。人们对各种事物的感知能力是形象思维的基础，只有丰富的表象积累才能为形象思维提供广阔天地。因此调动自身的感官，去感受世界，是做设计的第一步。感知能力的培养是个长期的训练，甚至贯穿整个职业生涯。在课堂上，可以做诸如以下游戏这样的训练：

游戏一：列举生活中的物化因素：通过感官能感受到的任何事物。视觉、嗅觉、听觉、触觉、味觉、物体、味道、声音、文字、事件、图形。

我们的灵感来自何处？所有的创造都来自于已经存在着的世界。

1. 自然景观：自然令人心旷神怡，产生愿望，产生愉悦的快乐感觉，作品便在这种欲望下产生了。中国园林讲求天人合一的境界，在苏州拙政园有一座小轩叫作"与谁同坐轩"，典故来自于苏东坡的诗句："与谁同座？清风、明月、我"。北京颐和园万寿山前面西侧，有个楼叫作山色湖光共一楼，也体现了人对自然的喜爱与崇尚。（图14-7为云南梅里雪山的美景，摄影：高翔）

2. 风、花、雪、月、水：风花雪月水往往无法分开，尤其是风、月、水。乾隆曾赋诗云"界域有边，风月则无边。"它们也给魏学洢灵感，在《核舟记》中写下："山高月小，水落石出。清风徐来，水波不兴"。而郑板桥"月来满地水，云起一天山"更是淋漓尽致地表达出月行如踏水的超凡境界。水给我们带来安宁，快乐和悠闲的感觉，令人着迷，能唤起对遥远世界的梦幻。（图14-8为黄山脚下冰雪覆盖的小山村，摄影：高翔）

图14-7（左）
图14-8（摄影：高翔）
（右）

3. 植物：植物自古以来都是艺术创作的源泉之一。例如，中华民族喜爱松竹梅兰，咏颂竹子为"未成出土先有节，纵凌云霄也虚心。"在花果树中，梅最长寿，抗病抗瘠能力也十分强，并且地上部分已经枯死，地下部分还可以重新抽枝发芽，生命力顽强，姿态优美苍劲。

4. 光：建筑的生机产生于光与影的相互作用中。黑暗会让人们产生恐惧，因为它剥夺了我们的感官。光——直接或间接，经过反射，折射或过滤——和影一起影响使用者的情感、引导他们去体验。光线全部、部

图 14-9

分射入，把室内照亮，光线像被赋予了生命一样，在一天的不同时段不断变换，给环境带来特殊的品质和情调。路易斯·巴拉干的作品总是与光影为伍，如图14-9所示。

14.2.2 激发情感

情绪和情感是人的心理生活的一个重要方面，它是伴随着认识过程而产生的。它产生于认识和活动的过程中，并影响着认识和活动的进行。但它不同于认识过程，它是人对客观事物的另一种反映形式，即人对客观事物与人的需要之间的关系的反映。

从心理学的角度看，情感是人们对客观事物态度的体验。投入丰富的情感会使作品更富有欣赏性、艺术性且更富有感染力，反过来又会激发设计者更为深厚、强烈的情感动力。设计是对情感作出响应，我们设计的空间，无论室内还是室外都是为了让人们去感受、去思考。设计师自己都没有感觉的作品如何让别人去喜欢？同感知世界一样，激发情感的训练也是长期的。

游戏二：列举生活中的感受：快乐、悲伤、兴奋、迷惘……

激发情感还可以通过回忆与想象，例如用发散式的思维思考、回忆一些事情，这些事情或许在生活中被遗忘、被忽略或不屑提起甚至从未考虑过。

游戏三：回忆和想象——从遥远的过去，从梦幻世界和怀旧中再造久违的感觉和激情。

1. 寂静：宁静是解除痛苦和恐惧的良药，无论奢华还是简陋，建筑师的职责是使宁静成为家中的常客。中国的文化中静观哲学甚为流行，人们认为天地万物的"有"和"动"最终都要归复于"虚"和"静"。也认为"人生而静，天之性也"，"静则生慧"，所谓"万物静观皆自得"，就是要人们保持静洁虚明，清闲无忧的最佳心态。苏东坡感悟到："静故了群动，空故纳万境。"王维作的

《山居秋暝》最能表达出诗人对寂静的崇尚："空山新雨后，天气晚来秋。明月松间照，清泉石上流。竹喧归浣女，莲动下渔舟。随意春芳歇，王孙自可留。"

2. 孤独：只有与内心深处的孤独为伴，人才得以发现自我。孤独是个好伙伴，巴拉干说，我的建筑不是为那些害怕和躲避孤独的人而设计的。

3. 欢乐：人怎么能忘记欢乐呢？欢乐就是内心觉得愉悦，只有懂得欢乐的设计师才能把欢乐带给别人。

4. 怀旧、怀古情感：怀旧是我们对自己的过去富有诗意的想象意识，艺术家自己的过去是他们的创作原动力。设计师必须倾听、留意自己怀旧情感的自然流露。

5. 宗教与神秘：不承认宗教的精神作用，不承认其引导我们创造艺术现象的神秘源泉，就不可能理解艺术和它的光辉历史。二者若缺其一，就不可能有埃及金字塔，也不可能有墨西哥的古代建筑，古代希腊神庙和歌特教堂还会存在吗？

6. 死亡：死亡的确定性是行动的源泉，也是生命的源泉，在艺术作品朦朦胧胧的气氛中，生命战胜死亡。

14.2.3 联想图形表达

想象指人在头脑中对表象进行加工改造；想象是形象思维的翅膀，使思维在脑际空间自由翱翔。在想象过程中，不仅可以创造出未知觉过的事物形象，而且可以创造出未曾存在过的事物形象，所以想象使表象的数量增多；想象使表象新生，衍生出新的表象。想象可分为再造想象和创造想象。再造想象是指根据别人的描述或图画，再次在脑中形成表象，这也是根据对过去感知材料加工而成的。创造想象是不依据现成的描述或图样，而是以记忆表象作材料，独立地加工改造，而造出的新的表象。

图 14—10

图 14-11

联想和想象是形象思维的主要方式，艺术家创作作品的过程，首先是一个形象思维的过程，无论是从生活提取题材，还是从其他作品中提取，无论是触景生情、有感而发，还是某种艺术中萌发灵感而成，都是在他头脑中最先出现他感兴趣的形象，然后用素材和技巧创作而成。图 14-10 为设计一个餐馆之前对甲方研究的联想图片，甲方对各类名品的钟爱首先用传达图形意向的海报精选出来，于是模糊的情感被简单地提炼出来，进而如图 14-11 那样找到了该餐馆的室内设计定位。

14.2.4　空间与形体的设计

1. 空间与形体

不同体型传递着不同的代码。例如，一个圆或球，在建筑师眼里，它"给人以平衡感，控制力，一种掌握生活的力量。"因为眼的注意会落到它的中央，而中央又重合在各点的平衡引力的重心上。人站在这个位置，不论眼睛偶然转向什么方向，都会有同一种感受，而这种各向同性本身就有稳定感。这种纯粹和简单所带来的美感，因连续无极而显得奇妙，但是缺乏刺激性。而椭圆或椭球形的效果就显得活泼一些，假如人同样站在中心位置，此时无论眼睛向哪个方向看去，都能感受到长短轴之间渐变带来的玄妙。直线则完全不同了，它代表着果断、坚定、有力。但如果直线较长则会给人以枯燥生硬之感。为了避免这种不足，巧妙的希腊人在对立柱的设计上使用圆的曲线和柱顶的托盘；而哥特人则使用丰富多彩的花纹和装饰，改变了直线的性质。据测试，优美的曲线能使我们感到眼部肌肉在做一种自然而有节奏的运动（图 14-12）。从而，在观察者的大脑里会生成某种韵律和谐音。

2. 空间的功能

空间是人类劳动的产物，是相对于自然空间而言的，是人类有序生活组织所需要的物质产品。人对空间的需要，是一个从低级到高级，从满足生活上的物质要求，到满足心理上的精神需要的发展过程。因此，空间的功能包括

物质功能和精神功能。物质功能包括
使用上的要求，如空间的面积、大小、
形状、适合的家具、设备布置、使用
方便、节约空间、交通组织、疏散、
消防、安全等措施，以及科学地创造
良好的采光、照明、通风、隔热、隔
声等的物理环境等。

图14－12

在满足一切基本的物质需要后，
还应考虑符合业主的经济条件，在维
修、保养或物理等方面提供安全设备
和安全感。并在家庭生活期间发生变
化时，有一定的灵活性。

精神功能是在物质功能的基础
上，在满足物质需求的同时，从人的
文化、心理需求出发，如人的不同爱好、
愿望、意志、审美情趣、民族文化等，并能充分体现在空间形式的处理和空间
形象的塑造上，使人们获得精神上的满足和美的享受。

3．功能与美感

如果说环境是一种语言，因为它传递着某种信息，那么环境设计在一定
程度上便是信息的编码过程，而使用者则被看作是对其进行译码。如果代码不
被认同或理解，环境的美则无从谈起。那么，那些代表着美丽的编码从何学到
呢？来自于使用功能吗？功能决不会自动产生形式，形式是靠人类的形象思维
产生的。一座完全合乎功能的空间可能由于找不到那种空阔、疏朗、风趣奇妙
或是温馨安详的快感而觉得枯燥和可悲。而一座完美的可作为雕塑的建筑空间
我们也可能由于无法满足基本的使用功能而不得不彻底炸掉。

因此我们要从两个方面去看待。一方面在通常情况下，对合适和功用的
认识才会进入我们的美感中。实用艺术的一切形式都是由于实用需要而得到启
发的。在演变中有些东西经过淘汰被保存下来，在这淘汰中，人类的需要和快
感就是空间设计所必须适应的环境。确定的形式就这样固定下来，眼睛便习惯
了它们。但另一方面除了实用，我们在环境形式上一如在自然形式上一样还有
内在因素要予以考虑。这就是说，除了习惯所确定的形式以外，还有某些诉诸
人的视觉感受力和想象力的更基本的因素。是它们激发起我们更高层的诗意的
享受。

4．意境

但是符合形式美的空间，不一定达到意境美。正如一幅画，可以在技巧
上达到相当高度或者画得非常逼真，但如果没有神韵还不能算作上品。因此，
所谓意境美就是要表现在特定场合下的特殊性格。如太和殿的庄严、朗香教堂
的神秘、落水别墅的优雅都表现出建筑的性格特点，达到了具有感染强烈的意

图 14—13

图 14—14

境效果，是空间艺术表现的典范。(勒·柯布西耶为法国朗香地区设计的小教堂传递着一种令人感动的包容与救赎的美感，图 14—13)

5. 空间的整体性

同样，诗歌不仅仅是一些美丽诗句的总和。要评价一首诗歌，就必须把它当作一个整体来研究。即使接着要深入去分析其中的每句诗句，还是需要联系到上下文进行研究。内部空间是一种任何形式的表现方法都不可能完满地表达的空间形式，它只能通过直接的体验才能体会和领悟，这种空间是建筑的主角。领会空间、弄懂如何能感受到它这就是认识室内设计的关键。(图 14—14 的小型报告厅将钢架、平面与弯曲的冲孔铝板、磨砂玻璃、铝格栅、地毯以及软包的舒适座椅等元素很好地统一起来，使之成为一个整体和谐的室内空间。)

6. 第四维要素

既然内部空间是一种任何形式的表现方法都不可能完满地表达的空间形式，它只能通过直接的体验才能体会和领悟，那么如何去体验？尤其是体验一种整体性？和一张平面的画不同，一张天安门的照片，无论看它多少遍，和它心理上的距离都不亚于实际的距离。只有当身临其境地站在它面前，走入其间才能真正感受到空间的魅力。观看角度在时间上延续的位移就给传统的三维空间增加了新的一度空间，这样时间就被命名为"第四度空间"。从原始人的洞穴，到今天的办公楼、学校、教堂，没有一个建筑不需要第四度空间、不需要走入建筑中所需要的时间。但是空间也不能完全由四度空间来衡量。（埃及神庙的空间只有身临其境才能感受到那种巨大尺度对比及瞬息万变的光影带给人的震撼，如图14—15所示，设计师要训练的能力之一就是在空间被创造出来之前感受到这种第四维要素带来的感受，并用语言或图形表达给别人。）

14.2.5　色彩肌理的设计与陈设的选择

1. 进行室内色彩肌理的设计，应首先了解以下问题：

1）空间的使用目的。不同的使用目的，如会议室、病房、起居室、显然在考虑色彩肌理的要求、性格的体现、气氛的形成各不相同。（图14—16中杉木的使用为这个家庭小木屋增添了童话般地浪漫主义情调。）

图14—15（左）
图14—16（右）

2）空间的大小、形式。色彩肌理可以按不同空间的大小来进一步强调或削弱。（白色与光滑的烤漆玻璃、玻化砖的使用使图14—17中的狭小幽暗走廊显得宽敞明亮，地面正中的马赛克条纹很好地起到了引导作用。）

3）空间的方位。不同的方位在自然光线照射下色彩肌理是不同的，冷暖也有差别，因此可利用色彩肌理来进行调整。

4）使用空间的人的类别。老人、男女、小孩对色彩肌理的要求有很大区别，色彩肌理应适应居住者的爱好。（如图14—18中的楼梯下部空间因为使用者对枯山水的喜爱而设计，紫檀木地板与细腻的白砂相呼应）

5）使用者在空间内的活动及使用时间的长短。

2. 材质本身并不会给人以美的享受，组合才是设计成败的关键，在于"关系是否恰到好处。"总的应用原则应该是"总体协调，局部对比"，也就是：室内整体效果应该是和谐的，只有局部的、小范围的地方可以有一些强烈的对比。材质还具有明显的心理感觉，例如冷、暖的感觉，进、退的效果等。另外，色

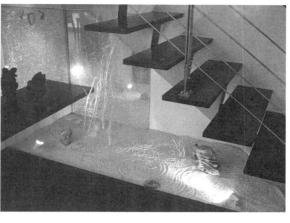

图 14-17（左）
图 14-18（右）

彩肌理还有民族性，各个民族由于环境、文化、传统等因素的影响，对于色彩肌理的喜好也存在着较大的差异。经过经验与总结有以下几种组合原则：

1）重复与呼应。即将同一色彩肌理用到关键的几个部位上去，从而使其成为控制整个室内的关键。例如用相同色彩于家具、窗帘、地毯，使其他色彩居于次要的、不明显的地位。同时也能使色彩之间相互联系，形成一个多样统一的整体，色彩上取得彼此呼应的关系，才能取得视觉上的联系和环区视觉上的运动。（图 14-19 所示的卧室在地面、梁和家具中都使用了枫木的材质进行重复与呼应，达到了协调的整体感。）

2）布置成有节奏的连续。有规律布置，容易引导视觉上的运动和韵律感。韵律感不一定用于大面积，也可用于位置接近的物体上。一组沙发、一块地毯、一个靠垫、一幅画或一簇花上都由于相同的肌理而取得联系，从而使室内空间物与物之间的关系，像一家人一样彼此有内聚力。（图 14-20 所示客厅的书架、栏杆、屋顶桁架都成为空间统一的有机节奏。）

3）用强烈对比。由于相互对比而得到加强，一经发现室内存在对比色，

图 14-19

图 14—20

也就是其他色彩退居次要地位，视觉很快集中于对比色，通过对比，各自的色彩更加鲜明，从而加强了色彩的表现力。肌理的对比如光滑与粗糙、温暖与冰冷等。（图 14—21 中使用了多种对比手法：绘画、黑色楼梯踏步与白色的环境；光滑的地面与拉毛的墙面、直线与曲线、完整有力的墙面、体块与纤细的扶手栏杆、温和的乳胶漆与冷静的钢管等。）

图 14—21

12.2.6　最终表达

1. 图纸表达：利用前期所学的制图知识将设计表达出来。图纸采用手工绘制，使用墨线与色彩。内容包括平面图、立面图和透视图。

2. 模型或电脑虚拟模型的表达

3．言语汇报：全班学生将图纸悬挂于评图室，每个同学针对应自己的方案做详细汇报或将方案制作成PPT，使用投影仪进行讲解。每个同学都可以点评其他同学的作品，最后由教师统一评价。这个过程是学生交流及相互学习的极佳机会。

14.3 作业28——小空间概念设计练习

14.3.1 课题设计要求

设计的过程是个建立联系的过程，将无形的感受与有形的事物联系起来，并最终成为富有创造性地作品。因此在设计的初期要学会建立联系。

1．题目：小空间概念设计，即在特定的空间内表达某种意向，并满足简单地功能要求。

2．空间限定：在5000mm×5000mm×5000mm的空间内完成指定要求的设计。

3．成果内容：情感表达、图形表达、空间设计、色彩肌理设计、陈设选择、平面图和立面图的绘制、模型制作（具体要求详见作业程序）。

14.3.2 作业的程序

下面以某小空间概念设计的作业为例具体说明如何按照设计的方法和步骤完成作业。

1．题目：香颂

2．发端：香水——气味。这个作业的发端是嗅觉感官，利用香水的香气来诱发之后的设计灵感。

3．情感表达：将此种香水气味所产生的感受用文字表达出来，可以用一系列词语，可以用几段文字，也可以用诗歌或其他文学手法来诠释。

4．收集与此感受相关的图片、材质、音像资料或手绘草图，将图片用相关电脑软件制作成展示板，配以相应文字说明。

5．利用立体构成的手法，在5000mm×5000mm×5000mm的空间内构筑一个空间结构。

6．为立体空间进行色彩肌理设计，使之成为一个人可以进入其中并产生预定心理效果的建筑空间。

7．为以上设计的空间，选择家具及陈设。

8．按照制图规范绘制平面图及立面图。图纸要求工具、墨线绘制，并采用彩铅或马可笔进行深入色彩表现。

9．效果图表现

10．制作模型

14.3.3 评价体系

该作业采用阶段式评分，按进程记录学生在各个阶段的成果成绩，每个阶段分数权重不同，前期工作占分值较少，后期成果因含有前期工作的成分较综合全面因此分值较高。具体评分标准如下：

序号	阶段	总分	分数控制体系	分项分值
			小空间概念设计评分标准（总分100分）	
1	情感表达	5	语言表达清晰	2
2			准确地描述感官的感受及相应产生的情感	2
3			将此情感进行引申思考	1
4	图形表达	15	选择的图片图形能够很好地表达情感内涵	5
5			图形展示构图和谐，符合构成原理	5
6			展示板具有美感	5
7	空间设计	20	空间设计及造型创意新颖	5
8			空间尺度合理、咬合紧密	5
9			空间心理与要表达的概念一致	5
10			满足基本使用功能	5
11	色彩、材质设计	15	材质选择定位准确	5
12			色彩设计整体感强	5
13			色彩及材质设计有创意	5
14	陈设家具配置	10	陈设与家具选择与整体方案统一	4
15			能够很好地烘托、提升设计效果	2
16			陈设家具配置符合使用功能	4
17	图纸	20	图纸符合制图标准	6
18			图纸表达清晰	7
19			图面效果好	7
20	模型	15	模型制作方法正确	3
21			模型制作材料准确、做工精良	2
22			正确地表达方案	5
23			模型视觉效果良好	5
	总计	100		100

14.3.4　范例与评语

1．题目：香颂

2．发端：教师将某种香水微量地喷洒在小卡片上分发给学生。

3．情感表达：以下是 2006 级的两位学生对香气的感受

悠扬的歌声中暗藏着它的高贵，

文弱的外表下暗藏着它的坚定，

淡雅的香气里暗藏着它的宽广。

往往，看似平凡无奇的事物能带给人最初的感动，它们看似是软弱的，但其内心却是宽广的，它们的坦荡，它们的铿锵有力是常人所无法比拟的。悠

扬与高贵，文弱与坚定，淡雅与宽广其实并不矛盾，只因为它们拿起了，也放下了。"转身是一大片天空，大的让我不知所措，原来要勇敢的人才能自由，才能辽阔。"有时，拿起的东西要学会放下，也许放下的越多，得到的也就越多，也许只有这样才能活得坦荡，活得辽阔。（学生：胡克文）

评语：该生没有很好地开发她的身体感受，因此并没有说明香水对她的感受器官的冲击。但是她能够自然地将此种气息进行引申，从中听到了歌声、看到了远山，并且悟出"放下后的宽广"这个道理，情感表达发人深省。

估摸着手中的卡片快要被我嗅得不耐烦了，我终于找到了一个私以为十分合适的形容词，秀气。对于对"散发着非自然香气的物体存在天生的排斥感"的本人而言，这确实算不得什么美妙的气味。然而它显然并不使人感到讨厌，甚至可以慢慢地接受和习惯它的存在。秀气的人或者物总是不讨人厌的。这是一种温和的感觉，恬静而醇厚，比花香少一点甜腻，比酒香少一些锐利。就像某个冬日正午的一束阳光，像是为了抚平什么而存在。（学生：何燚）

评语：该生的感受是从排斥开始的。但慢慢习惯和接受这种气味之后感觉到的是一种温和。她将这种气味与其他常见的花香或酒香进行对比，发生通感，想到阳光的触觉感受，最后进行升华，悟到这种气味似乎是为了抚平什么而存在。层次感强，条理清晰。

4. 图形表达：（图14-22为表达对香气的感受；图14-23为表达后续设计的理念）

评语：这两幅图形首先从色彩上将情感定位把握住，以便于统一之后开展的一系列工作。构图排版有创意，图、文及色彩选择得当。分为两张的图片

图 14-22

图 14-23

可以很好地表现从感受到设计意向定位的有理过渡。（图 14-24 为 2006 级学生胡克文表达对香气的感受）

图 14-24

评语：该生运用泼墨的手法表达了对气息的微妙模拟，通过水墨完成了从感官到图形的转换，同时确定了概念设计的黑白对比基调。但画面构图略空，不够饱满，信息量较少。

5. 利用立体构成的手法，在 5000mm×5000mm×5000mm 的空间内构筑一个空间结构。（图 14—25、图 14—26 为 2007 级学生陶晨、奚春妹针对香气主题制作的立体构成。）

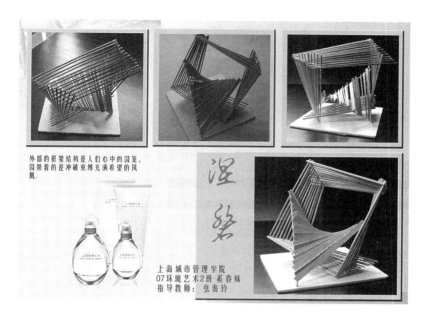

图 14—25

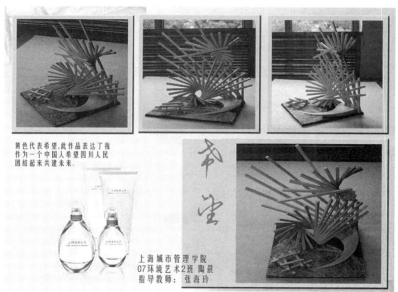

图 14—26

评语：两个学生都采用线的元素表达气味，细腻而耐人寻味。空间造型富有创新，奚春妹的构成空间咬合紧密，层次感强。由线组成面，手法巧妙。情感表现得当。

6. 为立体空间进行色彩肌理设计，使之成为一个人可以进入其中并产生预定心理效果的建筑空间。

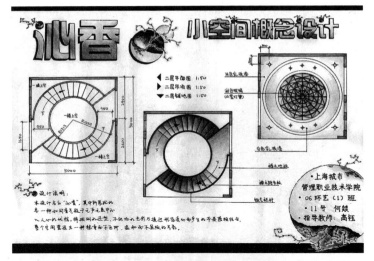

图 14—27

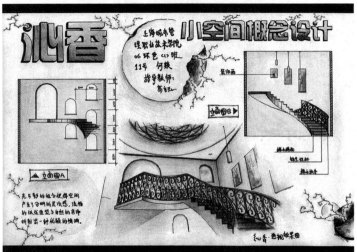

图 14—28

7. 为以上设计的空间选择家具及陈设。

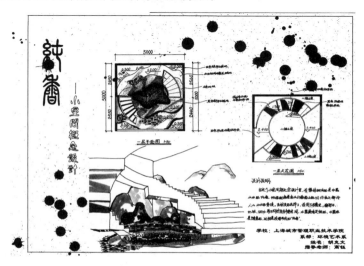

图 14—29

8. 按照制图规范绘制平面图及立面图。图纸要求工具、墨线绘制，并采用彩铅或马克笔进行深入色彩表现。（图14—27、图14—28为2006级学生何燚针对香气主题绘制的内部空间设计方案图纸，图14—29为2006级学生胡克文的方案图纸）

评语：图纸制图基本符合制图规范，表达清晰，线型合理，何燚采用彩铅上色，图面色彩和谐，构图完整。胡克文采用黑白马克笔表现，图面效果稍显零乱，没有很好地突出主体。

9. 效果图表现（图14—30为香气主题内部空间设计的最终效果图。）

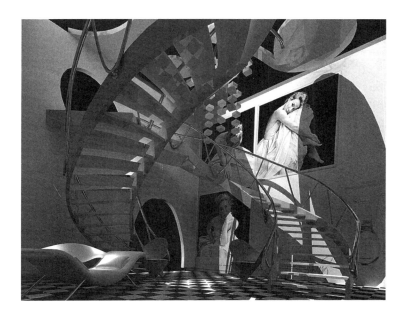

图14—30

10. 制作模型（图14—31为香气主题内部空间设计的最终电脑模拟模型）

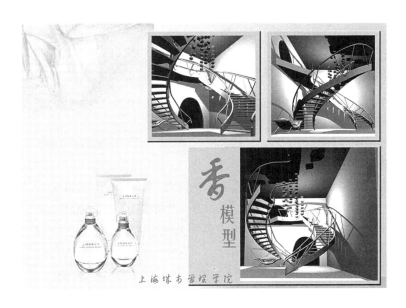

图14—31

主要参考文献

[1] 李昌鄂 . 民间印染纹样集 [M]. 长沙：湖南美术出版社，1984.

[2] 张瑞瑞 . 装饰图案创意与设计 [M]. 武汉：武汉理工大学出版社，2005.

[3] 龚静，高卿 . 建筑初步 [M]. 北京：机械工业出版社，2008.

[4] 格兰 .W. 雷德 . 景观设计绘图技巧 [M]. 合肥：安徽科技出版社，1998.

[5] 胡谐 . 设计图学 [M]. 上海：上海人民美术出版社，2008.

[6] （日）长谷川矩祥 . 室内设计效果图 手绘技法——快速表现篇 [M]. 武湛，等译 . 北京：中国青年出版社，2006.

[7] （日）长谷川矩祥 . 室内设计效果图 手绘技法——色铅笔表现篇 [M]. 暴凤明，等译 . 北京：中国青年出版社，2007.

[8] 程雪松 . 展示空间与模型设计 [M]. 上海：上海大学出版社，2007.

[9] 马茜，欧阳晓影 . 字体设计基础——高职高专艺术类专业（基础学程）[M]. 南京：江苏美术出版社，2007.

[10] 赵思嘉，赵晓芳 . 设计初步教程高职高专环境艺术教材 [M]. 上海：上海人民美术出版社，2008.

[11] 黄英杰，周锐，丁玉红 . 构成艺术 [M]. 上海：同济大学出版社，2004.

[12] 李文跃，吴天麟，刘莎 . 图案与装饰基础 [M]. 北京：东方出版中心，2008.

[13] 宗明明，王瑞华，段海龙，张珣 . 三维设计基础 [M]. 北京：东方出版中心，2008.

[14] 李强 . 造型设计基础 [M]. 北京：科学出版社，2002.

[15] 戴云亭，戴云亮 . 设计基础 [M]. 上海：上海人民美术出版社，2006.

[16] 辛华泉 . 形态构成学 [M]. 杭州：中国美院出版社，2004.

[17] 徐阳杰，王宏 .3ds max+VRay+Photoshop 建筑与室内效果图设计入门提高精通（附光盘电脑应用入门提高精）[M]. 北京：机械工业出版社，2008.

[18] 朱仁成，于晓 .3ds max9+Photoshop CS2 室内效果图经典案例解析（附光盘）[M]. 北京：电子工业出版社，2007.

[19] 彭宗勤 .3ds max 电脑美术基础与实用案例（附光盘）/ 数字艺术新视点 [M]. 北京：清华大学出版社，2007.

[20] 周峰，王征 .3ds Max9 中文版基础与实践教程 [M]. 北京：电子工业出版社，2008.

[21] 李进，陈岭，等 .Sketchup 工程实例 [M]. 北京：中国电力出版社，2008.

[22] 文章：马克笔的作画步骤及基本技法 [EB/OL].http://www.hui100.com/Article/jch/200607/206.shtml

[23] 平面构成的形式 [EB/OL].http://blog.netbig.com/article/tid-52613.html

[24] 平面构成入门篇 [EB/OL].http://www.7880.com/Info/Article-2f08b5e0.html

[25] 色彩构成 [EB/OL].http：//www.opalstudio.net/color/colorwhat.htm

[26] 平面构成设计（肌理）[EB/OL].http：//blog.sina.com.cn/s/reader_4cc8679f01000aq4.html

[27] 触摸美丽 [EB/OL].http：//www.66wen.com/04jyx/jiaoyu/xueqianjiaoyu/20060817/33206.html

[28] 裱花理论——立体构成 [EB/OL].http：//www.eastcake.com/jishu/detail—10739.html